.

Achim Schade   Matthias Redieck

Das war die IGA in Rostock

mit Fotos von
Margit Brettmann und Joachim Kloock

Verlag **Redieck & Schade** GmbH

Als Partner der IGA grüßen:

Büro Hanse Sail
Warnowufer 65
18057 Rostock
Tel. (08 31) 2 08 52 33
Fax (08 31) 2 08 52 32

Doppelmayr Seilbahnen GmbH
Rickenbacherstr. 8-10
A-6961 Wolfurt/Austria
Tel.+43 5574 604 0
Fax +43 5574 755 90
www.doppelmayr.com

Garten- und Landschaftsbau
Helmut Schingen
Zur Kösterbeck 22
18196 Petschow
Tel. (03 82 04) 1 20 42
Fax (03 82 04) 1 20 43

Grönfingers
Rostocks Gartenfachmarkt
Alt Bartelsdorfer Str. 18
18146 Rostock
Tel. (03 81) 6 09 25-0
Fax (03 81) 6 09 25-23
www.groenfinger.de

HS Dienstleistungs GmbH
Rasenmühlenstr. 34
98547 Schwarza
Tel. (03 6843) 79 10
Fax (03 6843) 7 91 33
www.hs-dienstleistung.de

Werner Zimmermann
Metalldesign
Walkenhagen 7
18209 Bad Doberan
Tel./Fax. (03 82 03) 6 29 02

Stadtwerke Rostock AG
Schmarler Damm 5
18069 Rostock
Tel. (03 81) 8 05 20 00
Fax (03 81) 8 05 21 23

tv.rostock
mediadock GmbH
Doberaner Str. 44-47
18057 Rostock
Tel. (03 81) 2 03 63 11
Fax (03 81) 2 03 63 13
www.tvrostock.de

weka Holzbau GmbH
Johannesstr. 16
17034 Neubrandenburg
Tel. (0395) 4 29 08-0
Fax (0395) 4 29 08-88

Papier Union GmbH
Niederlassung Rostock
Silder Moor 2
18196 Kavelstorf
Tel. (03 82 08) 6 22-0
Fax (03 82 08) 6 22-22
kavelstorf@papierunion.de

Rostocker Gesellschaft
für Stadterneuerung,
Stadtentwicklung und Wohnungs-
bau mbH
Am Vögenteich 26
18055 Rostock
Tel. (0381) 4 56 07-56
Fax (0381) 4 56 07-41

Mecklenburgische Brauerei GmbH
Eisenbeissstraße 1
19386 Lübz
Tel. (03 87 31) 36-0
Fax (03 87 31) 36-293
www.luebzer.de

BETA PERCHT
eventmanagement

c/oTanztheaterprojekt Rostock e.V.
Am Wendländer Schilde 5
18055 Rostock
Tel./Fax: 0381-454130

Lichtenauer Mineralquellen GmbH
Brunnenstraße 11
09244 Lichtenau
Tel. (03 72 06) 6 52 50
Fax (03 72 06) 6 52 00
www.lichtenauer.com

Wir waren dabei:

Bruns-Pflanzen-Export GmbH Co.
Johann-Bruns-Allee 1
26160 Bad Zwischenahn
Tel. (0 44 03) 60 10
Fax (0 44 03) 60 11 35
E-Mail: bruns@bruns-pflanzen.de

Zoologischer Garten
Rostock GGmbH
Rennbahnallee 21
18059 Rostock
Tel. (03 81) 20 82-0
Fax (03 81) 4 93 44 00

b&o Ingenieure
Friedensallee 23
22765 Hamburg
Tel. (0 40) 3 90 46 36
Fax (0 40) 39 30 51

Nordback GmbH
Handelsstraße 1
18069 Rostock
Tel. (03 81) 8 09 56-0
Fax (03 81) 2 07 19 50

Förderverein IGA 2003

Industrie- und Handelskammer
Rostock
Ernst-Barlach-Str. 1-3
18055 Rostock
Tel. (03 81) 3 38-0
Fax (03 81) 33 86 17

Michaelshof
Ev. Pflege- und Fördereinrichtung
für Menschen mit geistiger
Behinderung
Fährstr. 25
18147 Rostock
Tel. (03 81) 64 50
Fax (03 81) 64 55 55
www.michaelshof.de

Ostsee-Zeitung GmbH Co. KG
Richard-Wagner-Str. 1a
18055 Rostock
Tel. (03 81) 3 65-0
Fax (03 81) 36 53 73
www.ostsee-zeitung.de

Verband der Gartenfreunde e.V.
Hansestadt Rostock
Viergewerkerstr. 2a
18057 Rostock
Tel. (03 81) 2 00 33 00

Stadtdruckerei Weidner GmbH
Carl-Hopp-Str. 15
18069 Rostock
Tel. (03 81) 4 61 07 40
Fax (03 81) 4 61 07 43

Matthias Redieck, Achim Schade

Wir bedanken uns bei der
IGA 2003 GmbH
für die großzügige Unterstützung
dieses Buchprojektes!

Herausgeber:
Achim Schade & Dr. Matthias Redieck

Idee, Konzeption, Texte:
Achim Schade & Dr. Matthias Redieck

Texte der Attraktionen:
Dr. Lothar Brunsch,
Christiane James,
Jochen Michaels

Fotos:
Margit Brettmann & Joachim Kloock

Foto Impressum:
Bärbel Müller

Layout:
GrafikDesign Schwarz, Thiessow

Herstellung:
Stadtdruckerei Weidner GmbH, Rostock

2. Auflage, Dezember 2003

Verlag Redieck & Schade GmbH Rostock
Friedhofsweg 44a
18057 Rostock
Tel. 0381 27 862
E-Mail: redieck-schade@t-online.de

Dieses Buch wurde auf
Galaxi Keramik - exklusiv von
der Papier Union - gedruckt

Vorwort

Als ZVG-Präsident Zwermann bei der Abschlussveranstaltung der IGA den Staffelstab an die BUGA 2005 in München übergab, ließ er tausende Gäste die bunte Weltausstellung am Meer mit einem warmherzig geschilderten Rundgang nacherleben. OB Pöker gar ließ sich verleiten, vom schönsten Garten der Welt zu sprechen.

Solcher Euphorie können wir aus eigenem Erleben ein gutes Stück folgen. Die Internationale Gartenbauausstellung Rostock war ein phantastischer bunter Garten mit spektakulären und stillen Attraktionen und Höhepunkten. Allein die Zahlen, Daten und Fakten am Ende dieses Buches machen das deutlich.

Dieser Rückblick soll einen von vielen verschiedenen und möglichen Rundgängen beschreiben. So haben wir die IGA erlebt. Unsere Beziehung zur IGA hatte eine Vorgeschichte, wir haben schon zwei Jahre vor Öffnung der Tore mit zwei offiziellen und regelmäßigen kleinen Zeitschriften die Exposition mit vorbereitet, mit dem „IGA-Blatt" und mit den „IGA-Blättern".
Wir wollen das sympathische Bild einer würdigen Weltausstellung zeichnen, die Rostock bekannt gemacht hat und von den Besuchern dankbar angenommen wurde. Dies sollte kein trockenes Sachbuch werden - zu viele schöne Episoden am Rande prägten einen besonderen Reiz.

Unterschiedlichste Darstellungsarten hätte es gegeben, dutzende Bücher könnte man schreiben. Unsere fleißigen Fotografen Margit Brettmann und Joachim Kloock haben tausende Bilder vorgelegt und auch der Fotowettstreit bei der OZ zum Buch widerspiegelte mit 600 Zuschriften und 2.000 Fotos das Interesse der Rostocker und ihrer Gäste an diesem Fest der Sinne.

Die IGA hat das Projekt unterstützt und es damit in den Rang einer Abschlussdokumentation gesetzt. Vor allem Jochen Michaels aus der Abteilung Öffentlichkeitsarbeit der IGA sind wir zu Dank verpflichtet.

„Das war die IGA in Rostock" - in den Gedanken der vielen Besucher, in einem für Rostock wunderschönen und nachnutzbaren Areal, in den vielen Fotos in unserem Buch.

Achim Schade und Matthias Redieck

Inhaltsverzeichnis

Dieses Kapitel präsentiert: Stadtdruckerei Weidner GmbH

Das war die IGA in Rostock!

Kloock

Vor dem Eingang – es geht los

IGA 2003 in Rostock. Ein ganz normaler Tag. Wir wollen die Internationale Gartenbauausstellung erleben. So, wie die vielen Gäste, die von nah und fern angereist kommen und sich erwartungsfroh den Eingängen zuwenden. Um 9.00 Uhr öffnen die Tore, der IGA-Rundgang kann beginnen.

Im Kassenbereich am Hamburger Tor bilden sich Schlangen. Noch zehn Minuten bis zur Öffnung. Die Menschen streben von den Parkplätzen heran. Sie kommen über die Straße, haben den neuen S-Bahnhof Lütten Klein verlassen. Rostocker erkennt man gleich. Sie diskutieren angesichts des neuen Bahnhofes die Situation:
„Die IGA ist ein Segen für die Stadt." ...
„Is' ja doll, der neue Bahnhof." ...
„Weißt du noch, wie's früher hier aussah?"

Mit sich schleppen sie Hüte und Schirme und Kinder und ... keine Hunde. Hunde sind auf der IGA verboten. Das hat sich rumgesprochen. Vielleicht, weil dies eine Garten- und Parklandschaft ist, in der man nicht permanent in die ... na, Sie wissen schon.

An der Kasse ein Schild: „Wechselgeld ist Nachzuzählen!" Nachzuzählen ist groß geschrieben. Vielleicht, weil vorher nachzählen später klar macht, wie viel man nachher noch vorzählen kann. Sicher, die IGA hat ihren Preis – aber auch der ist relativ. „Ganz schön heftig!" die einen, andere: „Im Erlebnispark X war's viel teurer."

In den Schlangen vor den Kassen Gemurmel und Geschiebe.

„Ich freu' mich schon so."

„Hast du auch das Futterpaket eingesteckt?"

„Ob's heut' noch regnet?"

Eine Siebzigjährige: „Vatichen, hast du das Wechselgeld?"

„Wird das toll."

„Das fängt ja gut an, Schlange stehen."

„Na und, haben Sie etwa keine Zeit?"

„Mutti, fahr'n wir auch Achterbahn?"

„Achterbahn? Nee, dat is' doch 'ne Gartenausstellung."

„Ja, ich weiß, fahr'n wir denn Gespensterbahn?"

„Gespensterbahn. Nee, gibt's hier nich."

„Ooch, du hast gesagt, dat wird schön hier."

„Dat wird auch schön, die ham hier so Blum' auf Booten."

„Blum' auf Booten, wat is denn dat für 'ne Bahn?"

Neben der Schlange ein großes Schild mit dem Hinweis, dass das Fahren mit der Seilbahn für Menschen mit Körpergröße unter 1,20 Meter kostenlos ist. Ein Vater schiebt gerade seinen wohl 16-Jährigen rückwärts an die Wand, um angesichts des roten Pfeils in Hüfthöhe des Schlaks zu sagen:
„Du musst bezahl'n, Kleiner."

Als wirklicher Rechner weist er sich gleich darauf aus – er liest:

„Mit dem Einstellen der Seilbahn muss bei schlechtem Wetter gerechnet werden." Sagt's, guckt in die pralle Sonne und spricht:

„Musst vielleicht doch nich bezahl'n, Kleiner."

Gegenüber am Info-Pavillon hält ein Pärchen den gerade erstandenen IGA-Plan krampfhaft an die Scheibe. Die beiden planen:

„Ich möchte gern die Schwimmenden Gärten seh'n."

„Kannst du, Schatzi."

„Und ich möchte auch Seilbahn fahr'n."

„Geht in Ordnung, Mausi."

„Und dann möchte ich noch in die Blumenhalle."

„'Türlich, Schnuckelchen."

„Und was möchtest du, Hasi?"

„Ich freu' mich schon auf's Hotel heute Abend, Mäuschen."

Vor dem Pavillon treffen sich Gruppen von Besuchern mit großem Hallo. Sie sammeln ihre IGA-Hostess im frischen mintfarbenen Dress auf. Mit fröhlichem „Aufi geht's!" marschieren sie in Richtung Eingangsportal.

Eine Augenweide auf der IGA – nicht nur das Blütenmeer, sondern auch die stets freundlichen Hostessen

Dort stauen sich gerade die Menschen. Ein Security, ja, ja, man sagt „ein Security", weist die Besucher gleichbleibend freundlich ein:

„Also, Sie reißen hier an der Seite den schmalen Abschnitt ab. Egal, welche Farbe die Karte hat. Diesen Abschnitt stecken Sie in den kleinen Schlitz. Dann zeigt die Anlage ‚GO!' und sie können das IGA-Gelände durch das Drehkreuz betreten."

Aufregung macht sich breit:

„Jürgen, ich hab den Schnipsel eingerissen."

„Wie rum soll ich das stecken?"

„Wat soll ich nich betreten? Meinte der mir?"

„Disser Kreuz dreht nich, hallo, disser Kreuz dreht nich."

„Sie müssen nur etwas dagegen drücken."

„Ja, jetzt dreht der Kreuz."

„Hier stehen zwei Buchstaben – G und O? Was soll das nu wieder?"

„Das heißt GO, Sie können gehen."

„Und warum steht das nicht dran?"

Der Security gleichbleibend freundlich:

„Also, Sie reißen hier an der Seite den schmalen Abschnitt ab. Egal, welche Farbe die Karte hat. Diesen Abschnitt stecken Sie in den kleinen Schlitz. Dann zeigt die Anlage ‚GO!' und Sie können ..."

Wir konnten, wir sind auf der IGA, das Drehkreuz hat uns nicht aufgehalten.

An HS-Dienstleistungen k(am)ommt niemand vorbei

Die HS Dienstleistungs GmbH existiert seit 1992 und beschäftigt zur Zeit ca. 1500 Mitarbeiter. Das Aufgabengebiet auf dem Dienstleistungssektor umfasst das gesamte Sicherheitsspektrum für Dienstleistungen, wie Pforten-, Funkpatrouillendienst bis hin zu Alarmverfolgungen und Empfangsdienste.

Zum Kundenklientel des Unternehmens gehören ca. 80 % öffentliche Auftraggeber des Bundeslandes und der kommunalen Verwaltungen sowie 20 % Industriekunden, Großkonzerne, Gewerbebetriebe.

Der 250.000 Besucher kurz nach dem Eingangsbereich

Das Unternehmen mit einem Umsatz von ca. 15 Mio. Euro jährlich ist durch stetiges Wachstum in die Marktposition des größten Sicherheitsdienstleisters der neuen Bundesländer gelangt. Es wird geführt durch den Geschäftsführer, Herrn Bert-Renè Hebold sowie die beiden Prokuristen Herrn Bernhard Bader (Verwaltungsangelegenheiten) und Herrn Andreas Aehlig (Finanzangelegenheiten) und den Betriebsleiter HS Dienstleistung für die Bewachung, Herrn Halgerd Gleißl. Diese kompetente und erfahrene Führungsmannschaft konnte in den letzten Jahren das Unternehmen durch Neuorientierung am Markt und Einführung von Qualitätsmanagementsegmenten hervorragend etablieren.

Das Unternehmen ist IHK-anerkannter Ausbildungsbetrieb in den Berufen Bürokaufmann/-kauffrau und IHK-geprüfte Werkschutzfachkraft, verfügt über die VdS-Anerkennung, der Zertifizierung nach DIN EN ISO 9001 durch den TÜV Rheinland, ist registriert in der Geheimschutzbetreuung des Bundesministeriums für Wirtschaft und ausgezeichnet mit dem Qualitätspreis des Freistaates Thüringen für besondere Leistungen im Dienstleistungsgewerbe 2001.

Gekennzeichnet durch hervorragende Referenzen und qualitätsbewusstes Arbeiten und Denken seitens der Unternehmensführung bis hin zu den einfachen Mitarbeitern im Gegensatz zu anderen Sicherheitsdienstleistern ist eine ständige positive Marktentwicklung in den letzten Jahren zu registrieren.

Seitens der Unternehmensführung wird der Umsatz von 25 Mio. Euro als Zielvorgabe in den nächsten 5 Jahren angestrebt.

HS Dienstleistungs GmbH
Rasenmühlenstr. 34. 98547 Schwarza
Tel. (03 68) 43 79 10 • Fax (03 68) 4 37 91 33 • www.hs-dienstleistung.de

Der Rundgang beginnt

Nach dem Eingang werden zunächst die Sachen geordnet. Ein Mann zählt seine Wertsachen: Portemonnaie. Noch da. Fotoapparat. Ist hier. Videokamera. Bisschen verrutscht vom Drängeln. Aber intakt. Rucksack. Geschlossen. Handy. Auch Okay. Kann wohl losgehen.

Nebenan klingt das anders.
„Ronny?"
„Hier.",
„Jule?"
„Auch hier.",
„Pit? ... Pit? Hat einer Pit geseh'n?"
„Bin hier, hab nur Schuhe zugemacht",
„Jenny?"
Gerade schminkend, maulig: „Wo sollte ich wohl sein?"

Ein anderer mit dem Handy:
„Ich mach jetzt die Quasselbox aus, bin gerade auf der IGA angekommen."
Im Vorgefühl eines guten Erlebnisses Handy aus. Wenn das doch überall so wäre. Überall Handy-Musiken an allen Orten.

Gleich daneben ein Mann zu seiner Frau:
„Du nimmst die IGA-Karten, die brauchen wir vielleicht noch. Wo steck' ich nur den Plan hin? Du trägst den Rucksack und den Schirm, Liebling, und das Fernglas und die Thermoskanne. Geht auch noch der Fotoapparat?"
„Und was schleppst du?"
„Ich nehm' die Seilbahn-Karten, Liebling, so bringen wir die nicht durcheinander."

Die Hostess fragt:
„Wer von Ihnen weiß noch, dass das hier die alte Obstanlage von Groß Klein war?" Einer meckernd:
„Ha, die hat Groß Klein gesagt!, Was denn nun, Groß oder Klein?"
„Also, der Ortsteil hier heißt ‚Groß Klein', der gegenüber ‚Lütten Klein' und das hier war eine alte Gartenanlage. Und gelungen finde ich, dass mit diesen so genannten Naturfenstern die alten Baumbestände bewahrt wurden ..."
Wiehernd: „Groß Klein, Lütten Klein, na hallo."

20 Meter weiter speien Wasserdüsen übermannshohe Bogenfontänen in die Luft. Groß genug, um drunter durch zu laufen. Kinder haben einen Riesenspaß mit der Anlage. Sie haben es schon zehn Mal geschafft, dem Wasserstrahl zu entgehen. Plötzlich schalten sich die Düsen der Nebenanlage ein. Genau über

einem der Wasserspeier steht der noch junge Vater. Ihn erwischt es voll. Nach einem Aufschrei und Fluch muss auch er lachen. Was macht angesichts des warmen Wetters und der Sonne schon ein nasses Hosenbein? Nicht nur die Kinder haben Spaß. Ein wenig Häme ist schon in den Bemerkungen der Vorbeigehenden:

„War die Spülung kaputt?"

„Irgendwo muss es ganz schön regnen."

„Paul gib mir mal den Schirm, der Mann ist in dem Platzregen schon beinahe untergegangen."

Unweit des Eingangs haben die ersten Futterstände geöffnet. Bei „Ostseefisch" gibt es Rollmops-Brötchen, „Nordback" offeriert leckere Schmalz- und selbst gemachte Kräuterquarkstullen und als Renner der Saison „Frische IGA-Brote". Erste Gäste kaufen ein zweites oder drittes Frühstück. Wo es was zu erleben gibt, sind die guten Esser nicht weit. Eine Frau kauft ein Drei-Pfund-Brot und strebt damit in Richtung IGA. Hätte sie das nicht lieber hinterher kaufen sollen? Angenehmen Rundgang!

Mit der Seilbahn über die Blumen ans Meer

40 Meter weiter die erste große IGA-Attraktion. Die IGA-Seilbahn. Betrieben wird sie von einer erfahrenen Seilbahnfirma aus dem Hochgebirge. Finden Sie nicht auch, dass Seilbahn so was von langen Worten hat. Hochgebirgsseilbahn, Skiabfahrtslaufzubringerseilbahn, Wintersportverlängerungszubringerverkehrsmittel. Na egal. Fummelei am Eingang.

„Junge Dame, Sie schieben immerzu Ihre IGA-Eintrittskarte in das Drehkreuz ein, das kann nichts werden."

Die angesprochene Achtzigjährige blickt verzweifelt auf den Abschnitt in ihrer Hand. „Meine Eintrittskarte hab ich längst da vorne abgegeben. Ich komm hier nich rein." Beruhigende Worte:

„Na wo haben wir denn, ... zeigen Sie doch mal. Na also ..."

Die Menschen dahinter scharren mit den Füßen.

Nach dem obligatorischen Seilbahneintrittsdrehkreuzgestell bildet sich schon wieder eine lange Schlange. Hier kann man übrigens lernen, weshalb diese Schlange „Schlange" heißt. Die Fahrgäste schlängeln sich in einer Seilbespannung. Zöge man die Seilbahnzutrittsmenschenkette auseinander, wäre sie wohl einige hundert Meter lang. So aber verbreitet der Massenauflauf Spaß. Nach jeder Kehre kommen dem geduldigen Seilbahnschlangesteherbesucher wiederum Menschen entgegen. Die gleichen, wie bei der letzten Kehre. Spaßfaktor ansteigend:

„Hallo, na, auch auf dem Weg zur Seilbahn?"

Nach der nächsten Kurve: „Mir wär's, als hätten wir uns schon gesehen."

Eine Ecke weiter: „Haben Sie immer noch nicht mehr Weg geschafft?"

Kurz vor dem Ziel: „Sieh mal, Püppi, die ha'm sich verloofen."

Ganz oben über der IGA

*Manch einer wollte es partout nicht glauben. Eine Seilbahn auf dem platten Land über Schilf und Strand?
Undenkbar!*
*Das war vor der IGA. Während der Ausstellung sagten dann immer mehr Besucher – vor allem die Dau-
erkartenbesitzer aus der Region: Eigentlich schade, dass die Bahn wieder abgebaut wird.*

*Auf jeden Fall wurde die nördlichste Seilbahn Deutschlands allen Vorschusslorbeeren gerecht, dass sie
eine der Hauptattraktionen der 171 Tage dauernden Schau sein werde. An diesem Abschnitt des War-
nowstrandes wurde wahrscheinlich noch nie so viel gejuchzt, wie zu IGA-Zeiten. Immer, wenn die Gondeln nach den Stationen Fahrt aufnahmen und Höhe gewannen, kribbelte es in vielen Bäuchen. Aber dann
kam auch schon das Oh! und Ah!, und der Blick über das Gelände öffnete sich bis hin nach Warnemünde. Von oben erschloss sich die ganze Farbenpracht der Wechselbepflanzungen dem Auge des Betrach-
ters ganz besonders eindrucksvoll.*

*Das Eine oder Andere konnte von oben auch besser wahr genommen werden, was der nicht vorinformierte
IGA-Besucher nicht so ohne weiteres als Ausstellungsbestandteil ansehen konnte. Zum Beispiel die Renaturierung des Schmarler Baches mit seinem wieder mäandernden Lauf beim Hamburger Tor, die gra-
vierenden Veränderungen im gesamten Bereich der Uferkante oder die beeindruckende Vielfalt der Nationengärten. Am Ufer der Unteren Warnow entstand entlang des Traditionsschiffes bis hin zum Ju-
gendschiff „Likedeeler" ein zu Spaziergängen einladender Boulevard. Allein 30 Weiden-Großbäume wurden dort gepflanzt, über die die Besucher hinweg schwebten, ebenso wie über den neuen Strand oder die
Kleingartenanlage. Mit der Seilbahn hatte der Gast in 20 Minuten die IGA auf einen Blick.*

*Kurz: Die IGA-Seilbahn war rundum eine Erfolgsstory – auch für den Betreiber. Mehr als jeder zweite IGA-
Besucher genoss die Aussicht von oben. Die Münchner und ihre Gäste zur Bundesgartenschau 2005 können sich jetzt schon auf diese Attraktion freuen. Dort wird die Bahn nämlich so wieder aufgebaut, wie
sie in Rostock zu erleben war.* *Lothar Brunsch*

Brettmann(3)

Die Doppelmayr-Seilbahn für die Internationale Gartenbauausstellung in Rostock 2003

Nach nur 4,5 monatiger Bauzeit ging die Doppel-mayr-Seilbahn mit der Eröffnung der IGA 2003 am 25. April 2003 in Betrieb. Die Gondelbahn, welche von der Skyglide Event Deuschland GmbH (Mitglied der Doppelmayr Guppe) auch selbst betrieben wur-de, führte im Dreieckskurs über das Gelände der IGA und ermöglichte einen herrlichen Panoramablick auf das Ausstellungsgelände und die Ostsee.

Ausgehend vom „Hamburger Tor" führt die Strecke zur Einstiegsstelle „Lands End" und über die Ablenk-station „Dorf Schmarl" wieder zurück zur Ausgangs-station. Die Seilbahntickets galten für die zwei Teilstrecken „Hamburger Tor – Lands End" und „Lands End - Hamburger Tor".

Auf einer Gesamtlänge von knapp drei Kilometern und einer Höhe von bis zu 28 m konnte die Seilbahn bis zu 2.500 Personen pro Stunde befördern. Ein Teil der Gondeln wurde rollstuhl- und behindertenge-recht ausgeführt.

Gemeinsam mit seinem Schweizer Tochterunternehmen CWA entwickelte Doppelmayr für die Anwen-dung ein spezielles Gondelkonzept. Die acht Sitze wurden Rücken an Rücken (back to back) in der Gon-

delmitte angeordnet, damit alle Fahrgäste durch die speziell nach unten gezogene Verglasung den Panoramablick genießen konnten.

Bei der Konzeption der Seilbahn wurde insbesondere auf die Anforderungen des öffentlichen Nahverkehrs eingegangen und die langjährige Erfahrung von Doppelmayr in diesem Bereich miteingebracht.

Nach Ende der Internationalen Gartenbauausstel-lung in Rostock wird die Seilbahn wieder demontiert. Sie wird im Anschluss für die Bundesgartenschau 2005 in München adaptiert und wieder aufgebaut.

Technische Daten:

Seilbahnsystem:	Kuppelbare Gondelbahn in zwei Teilstrecken
Fahrzeuge/Gondeln:	• Kabine „Ethos 8"
	• 8 bequeme Sitzplätze
	• bodenebener Einstieg
	• Sitzbank in der Mitte
	• Panoramaaussicht
Horizontale Seilbahnlänge:	2.794 m (München 2.920 m)
Höhenunterschied:	28 m
Durchmesser Förderseil:	45 mm
Förderleistung:	2.500 Personen/Stunde
Fahrgeschwindigkeit:	bis 5 m/s (= 18 km/h)
Fahrzeuganzahl:	62 (davon 10 % rollstuhl- und behinderten-gerechte Gondeln) München 66 Gondeln

Doppelmayr Seilbahnen GmbH
Rickenbacherstraße 8-10 • Postfach 20 • A-6961 Wolfurt
Tel. +43 (0)5574/604-0 • Fax. +43 (0)5574/75590
eMail: dm@doppelmayr.com • www.doppelmayr.com

Der Rundgang geht weiter

Wieder vorn am Haupteingang angekommen, postieren sich vor einem geblümten Kunststoffkuh-
gespann eines Gärtner- und Bauernmarktes erfolgreiche Seilbahnfahrer zum Foto. Selbst ein Chi-
nese – wir sind schließlich auf einer Weltausstellung – baut sich fotogen auf. Er reicht dem Schrei-
berling den Fotoapparat:
„Dlücken Sie bitte auf den Auslösel!"
Obwohl von Menschen umringt, durch einen hohen Zaun gesichert, behält er seinen Apparat im Auge und das Knie zum möglichen Sprint gebeugt. Man weiß ja nie. Wir geben die Kamera nach dem
Schnappschuss (selbstverständlich) lächelnd zurück. Und freuen uns über den Satz:
„Danke sehl fül die Elinnelung!"
Wir: „Schönen Lundgang auch noch!" (Das war böse – hätten wir schließlich auf chinesisch nie hin-
gekriegt.)

Nun geht es endlich über eine große Brücke
auf das wirkliche IGA-Gelände. Rechts der
Brücke grasen auf einer Wiese blaue und ein
weißes Schaf. Müsste es nicht eigentlich ein
schwarzes sein? Zur IGA-Eröffnung graste
hier gar ein rotes. Wo mag es geblieben sein?
Die Kommentare der IGA-Besucher reichen
von „Kitschig!" und „Das ist aber originell."
bis zu „Guck mal, die kann man koofen, für
schlappe 65 Glocken."
„Schlappe? So ville kostet ja `n richt'ges Ma-
rino, und da kannste dir 'n janzen Mantel von
stricken."

Von gegenüber klingt swingende Blasmusik zu uns
und lenkt die Blicke in Richtung der riesigen Ausstellungshalle. Von dort wandert das Auge dem
Seilbahnstrang nach zum Stadtteil Groß Klein. Da-
vor ein kleines Gewässer, Legitimation für die kleine geschwungene, seitlich versetzte Brücke. Und
schon wieder wird geknipst was das Zeug hält:
Mutti mit Sonnenbrille und Löwenmähne vor der
Seilbahn, Mutti mit dem neuen Rucksack und dem
nachgezogenen Lidstrich vor den ersten Blumen,
Mutti anmutig schreitend auf der Brücke, Mutti mit
dem Minirock, der alle Blicke anzieht. - Vati vor
den Schafen. Und Mutti zu ihm: „Zieh doch mal
den Bauch ein!"

Nach der Brücke ein Highlight. Die regionale Ostsee-Zeitung als Medienpartner der IGA präsentiert
sich mit einer Fotoaktion: „Erstehen Sie sich ein
gedrucktes Titelblatt der OZ mit Ihrem Konterfei in
der Mitte." Eine Super-Idee für alle, die es noch nie
auf den Titel geschafft haben. Auch der Autor blin-
zelt verlegen in die Kamera ...

Kloock (2)

Fotowettbewerb für das IGA-Buch in der Ostsee-Zeitung

Den Hauptpreis,
ein Fahrrad,
gewinnt
Hans Joachim
Röder aus
Elmenhorst.

Isolde Schmidt
aus Rostock
belegt mit ihrem Foto
den 2. Platz.

Platz 3 belegt Mario Sauer
aus Kreensen.

600 Zuschriften mit 2.000 Fotos wurden ausgewertet.

OSTSEE ZEITUNG
Weil wir hier zu Hause sind

Brettmann

Der Messeturm, eine Stahlgittermastkonstruktion wird nicht von vielen Menschen wahr genommen. Dabei war er während der Anreise von Lütten Klein aus ein echter Hingucker und Orientierungspunkt. Eine Reiseführerin kommentiert:
„Er steht durch Druck und Zug in einem. Bei Wind kann er bis zu 1,50 Meter schwanken." Schon sind wir vorüber, den hingeworfenen Macho-Spruch noch im Ohr: „Bei Druck und Zug schwankt bei mir gar nix mehr."

24 Attraktionen unter dem Wabendach

Die Besucher schwärmen den Eingängen der neuen Messehalle entgegen. Hier lockt gerade eine Rosenausstellung. Schon wieder eine Schau der Superlative. Bisher war eine Ausstellung genau so sehenswert, wie die vorausgegangene.

Im Foyer der gigantischen Halle eine Porzellan-Ausstellung – das passt gut zu den Blumen.
Die Gärtner vom Niederrhein gratulieren den Rostockern mit gerankten olympischen Ringen in einer Blumenschale zur nationalen Nominierung für die olympischen Segelwettbewerbe 2012.

An ruhigen Tagen – z.B. wenn Regen über das Land geht oder auch am etwas späteren Nachmittag oder frühen Abend – pilgern die Menschen etwas gelassener und ruhiger durch die große holzüberspannte Ausstellungshalle. Sie genießen, dass nicht gar so viele Besucher sich durch die Gänge drängen und nehmen die Exponate ganz anders zur Kenntnis. Manches Detail kommt erst jetzt richtig zur Geltung, der Blick durch den Sucher der Videokamera oder des Fotoapparates verweilt etwas länger, bevor der Finger auf den Abzug drückt. Allerdings wird es für manchen Gast auch etwas stressiger. Die Fotos werden mehr kreiert und gestaltet.
„Noch ein Stückchen zurück, noch ein wenig, damit ich die Blüten mit in das Bild bekomme."
Etwas verkniffenes Lächeln zum Vorbeigehenden, der haucht:
„Wenn du dich ein wenig bücken könntest, Liebling, dann bist du gar nicht mehr im Bild!"

Blütenfestival in der Blumenhalle

24 Blumenschauen waren bei der IGA gleich bedeutend mit 24 Mal Blütenpracht und Duft, 24 Mal gärt-nerischen Wettbewerb mit offizieller Preisverleihung und Medaillenregen für die Aussteller aus dem In- und Ausland. Natürlich ließen sich die Gärtner aus dem Norden Deutschlands diese Chance nicht neh-men, und präsentierten auf fast jeder Schau ihre blühenden Seiten.

Blumen sind nicht gleich Blumen – das stellten die Schauen in der 10.000 m² großen Messehalle unter der eindrucksvollen Holzdecke unter Beweis. Von der exotischen Orchidee bis hin zu den stacheligen Kak-teen, von Chrysanthemen, Rosen, Heide und Stauden bis hin zu den Schauen der Floristen, der Ikebana-Künstler und der Bonsai-Experten reichte das Spektrum der Ausstellungen in der Halle. Zu den Be-sonderheiten gehörte, dass in jedem Teil der Halle ein kleiner Teich und eine Aussichtsplattform zu fin-den waren. Aus den Teichen fischten die fleißigen Helfer der Aufbauteams rund 30 kg Münzen, darunter auch viele aus nicht Euro-Staaten. Diese Münzsammlung wurde in gültige Währung eingetauscht und der Rostocker Kinderkrebshilfe gespendet.

Zu den Höhepunkten in der Blumenhalle zählten die Rosenschau, die Ikebana-Kunstausstellung, die Internationale Schau mit dem Titel „In 10 Tagen um die Welt", die Floristenschau und natürlich die Er-öffnungsschau, in der die Halle komplett belegt war. Hinter dem fast wöchentlich wechselnden Spekta-kel in der Blumenhalle verbarg sich eine riesige logistische Leistung, die von den Mitarbeitern der Deut-schen Bundesgartenschaugesellschaft (DBG) betreut wurde. Allein die Planung der 24 Schauen sowie die der vorgezogenen Azaleen-Schau gehört zu den Meisterleistungen der Spezialisten für gärtnerische Wettbewerbe.

Kurioses am Rande:
Viele weibliche IGA-Gäste konnten sich nicht lange in der Rosenschau aufhalten – der intensive Duft der Königin der Blumen bereitete ihnen Kopfschmerzen!

„Fleischfressende" Pflanzen aus Niedersachsen fanden so viel Interesse bei den Besuchern, dass die ei-gentlich angriffslustigen Gewächse vor der Neugierde der Besucher mit Absperrbändern geschützt wer-den mussten.

Bei Langfingern erfreuten sich vor allem Mini-Geranien aus Süddeutschland großer Beliebtheit – deren knapp fingerhutgroße Töpfe passen auch in Jackentaschen ...   Lothar Brunsch

Hallenschauen auf der IGA Rostock 2003

- Frühlingserwachen in der Blumenhalle
- Blütenpracht für Terrasse und Balkon
- Edler Schmuck für unsere Gärten-Rhododendron und Azaleen
- Grüne Inseln im Haus – pflege-leichte Raumbegrünung
- Quer Beet – vielseitige Stauden
- Gartenkunst im Sachsenland
- Grüne Vielfalt aus Nordrhein-Westfalen – NRW-Schau
- Baltischer Blütenzauber aus den Ostseeländern
- Der ganze Garten des Muster-ländle – Baden-Württemberg
- Der Norden blüht auf – Dreilän-derschau MVP, SH, HH
- Tischlein deck dich – Sommer-schau, LV Niedersachsen, Nord-west
- Dornröschen erwacht – die große Rosenschau
- Grazien aus Südamerika und andere Schönheiten – Fuchsien und Anderes
- Überlebenskünstler und Wasser-läufer-Kakteen und Wasserpflan-zen
- Die ersten Willkommensgrüße des Herbstes – Chrysanthemen
- und Anderes
- Ein bunter Strauß aus der Mitte Deutschlands
- Wege und Brücken – Ikebana-Kunstausstellung
- In 10 Tagen um die Welt – Bei-träge anderer Länder
- Fernöstlicher Zauber – Bonsai
- Blumenkunst-Kunst mit Blumen, Floristikschau
- Der Reichtum des Südwestens – Rheinland-Pfalz / Dahlien
- Herbstliche Impressionen aus Sachsen-Anhalt
- Gärtnergrüße von Havel und Spree
- Das Beste zum Schluss

Blütenmeer in der Internationalen Blumenhalle

Kloock (3)

Brettmann

Von anmutigen Blumen, Mädchen und Kindern

Vor der Messehalle lockt eine Menschentraube die Besucher an. Gleich hinter den großen Springbrunnen tanzen in farbige Blumenkostüme gekleidete junge Mädchen nach Sphärenmusik. Sie machen anmutige Bewegungen und spielen auf den bunten Blumenwiesen mit den Blüten und Blättern. Diesen gleich, ahmen sie das Aufgehen der Blüten nach, drehen sich im Wind und tanzen der Sonne zu. Die Zuschauer verharren und staunen. Viele können sich von den schönen Bildern kaum losreißen. Einer der Gäste, der von seiner Frau vorwärts gelotst wird, wiederholt immer wieder: „Und schöne Madels haben die ausgesucht, so schöne Madels haben die ausgesucht, nein, was für schöne Madels das waren…"

Seine Frau:

„Und hast du eigentlich auch die Blumen gesehen?" Hat er nicht. Recht hat sie.

Kloock (2)

Die erhaben angelegten, großflächigen Beete mit Frühlings- und Sommerblumen verwöhnen das Auge ebenso, mit schwelgenden Blüten, fantasievoll gepflanzt und kombiniert: Gelbe Studentenblumen und Begonien, Tulpen, Eisenkraut, Pelargonien, Lavendel und Buntnessel, Hahnenkamm und Silberstrauch …

Ein wenig später im Jahr heißen die Stars ganz anders, sind aber mindestens ebenso farbenfreudig und bunt: Dahlien, Sonnenblumen, Studentenblumen, Mittagsgold … Die Arrangements der Blüten und Pflanzen laden zum Nachvollziehen ein. Und so macht mancher Gartenbesitzer auch gleich Pläne und notiert auf den wohlweislich mitgebrachten Zettel:

„Da, das schwarze Kraut passt ganz prima zu den roten Blüten. Oder hier, ein Beet ganz ohne Gelb, auch schick!"

Zum Ende der IGA hin gibt es ein interessantes Bild zu beobachten - viele IGA-Besucher zücken ein Tütchen oder einen Briefumschlag und bücken sich zu den Pflanzen: „Lieschen, halt auf, von den Studentenblumen gibt es besten Samen. Mach hinne!"

Kloock (3)

Grönfingers – Das war die IGA in Rostock!

Präsentation von Petunienampeln auf der IGA

Wenn die IGA allenthalben als die interessanteste, farbigste, schönste Gartenbauausstellung aller Zeiten bezeichnet wird, liegt das auch und nicht unmaßgeblich an Grönfingers, Rostocks Gartenfachmarkt GmbH.

Der grüne Finger, der sich im Logo des Unternehmens widerspiegelt, umreißt die Firmenphilosophie, die sich auf der IGA deutlich exponierte: Grönfingers versteht sich als der kompetenteste Partner für Grünes und Blühendes rund um Haus, Hof und Garten in Mecklenburg und Vorpommern! Der Gartenfachmarkt führt das umfangreichste Sortiment an Gehölzen und Stauden; Beet- und Balkonpflanzen; mediterranen- und Kübelpflanzen; Zimmerpflanzen; Saat- und Pflanzgut. Ein Teil der Pflanzen wird in eigenem Gewächshaus in höchster Qualität selber angebaut, und von einem starken Team gut ausgebildeter Fachkräfte betreut.

Auf der IGA konnten sich die Besucher von diesen hohen Ansprüchen überzeugen. So wies sich Grönfingers nicht nur mit einem eigenen kleinen Gartenfachmarkt im Haupteingang zur IGA aus, das Unternehmen belieferte vor allem sieben der 24 großen Hallenschauen mit Pflanzgut. Die Themen dieser Präsentationen künden von der Bandbreite und vom Vermögen des Unternehmens. Die hunderttausenden Besucher registrierten die Qualität und Ausstrahlung der Pflanzen.

An folgenden Hallenschauen beteiligten sich die Grönfingers: „Frühlingserwachen in der Blumenhalle", „Blütenpracht für Terrasse und

Blick in den Gärtnermarkt – Ruhe vor dem „Sturm"

Balkon", „Grüne Inseln im Haus – pflegeleichte Raumbegrünung", „Quer Beet – vielseitige Stauden", „Der Norden blüht auf – Dreiländerschau", „Dornröschen erwacht – die große Rosenschau" und „Fernöstlicher Zauber – Bonsai".

67 Medaillen, darunter zwei Ehrenpreise, eine Große Goldmedaille, 26 goldene, 26 silberne und 14 bronzene Medaillen auf der Internationalen Gartenbauausstellung IGA in Rostock sprechen für sich.

Diese Würdigungen stellten sich nicht von ungefähr ein. Grönfingers unterstützte die IGA von Anfang an im Förderverein. Der Erfolg ist Ausdruck des Ehrgeizes, dass kein deutscher Gartenfachmarkt über eine größeres Sortiment verfügt. Die gärtnerische Kompetenz wird bei Grönfingers auch daran gemessen, interessante Neuheiten und Raritäten als Erste auf dem einheimischen Markt bekannt zu machen.

Schönster Lohn für alle Grönfingers, wenn die IGA-Besucher mit Stift und Zettel besonders schöne Kreationen aufschrieben. Wir werden uns in unserem Gartenfachmarkt wiedersehen!

Die „Grönfingers" sind ein bodenständiges Rostocker Unternehmen ohne auswärtige Beteiligung.

Entwicklung

1963	Aufnahme intensiver gärtnerischer Tätigkeit unter der Firmenbezeichnung LPG „Fritz Reuter" Alt Bartelsdorf
1989	wurde Gartenbau auf ca. 25.000 m² Gewächshausfläche, 2.500 m² Folientunnel und 10 ha Freiland betrieben
1990	Umwandlung zur „Blumen und Pflanzen e.G. Rostock", später zur „De Grönfingers Rostocks Gartenfachmarkt GmbH"
05.11.1990	Eröffnung des Gartenfachmarktes
2000	Umbau einer Produktionsfläche zur kombinierten Produktions-/Verkaufsfläche auf ca. 2.000 m² mit Eröffnung Anfang 2000 („Gärtnerei")

| 2001 | Rekonstruktion eines Produktionsgewächs-hauses zur Schaffung neuer Kapazitäten für die Pflanzenüberwinterung |
| 2003 | Bau eines modernen 2000 m² großen Gewächshauses mit direktem Anschluss an die bestehenden Anlagen. |

Die Firma heute:
- Produktion und Verkauf werden an einem Standort vorgenommen.
- Produziert werden auf einer Fläche von ca. 6.000 m² vorwiegend Beet- und Balkonpflanzen sowie Solitärpflanzen in über 60 Arten, welche ausschließlich zum Verkauf im Gartencenter bestimmt sind.
- Im Gartencenter wird ein Vollsortiment incl. Floristik und Gartenmöbel (März bis August) geführt. Schwerpunkt mit ca. 2/3 des Umsatzes sind Pflanzensortimente.

Dienstleistungen:
Innenraumbegrünung incl. Pflegedienst • Pflanzenverleih Pflanzenüberwinterung • Intensive Verkaufsberatung Richtkronenverleih • Fleurop-Dienst

Das Gartencenter führt:
ein Vollsortiment incl. Floristik und Gartenmöbel • das größte Pflanzensortiment in Norddeutschland • einen ausgeprägten Weihnachts- und Ostermarkt

Mitarbeiter:
Es sind durchschnittlich 55 ständig Beschäftigte in der Firma tätig, dazu 5 Auszubildende. Die Mitarbeiter sind vorwiegend Gärtner und Floristen mit Fachabschluss, darunter Meister, Ingenieure und Dipl. Gärtner.

Frühlingsblick in eines der Gewächshäuser ...

Grönfingers (3)

... sechs Wochen später im Wonnemonat Mai

Erstmalig wurden bundesweit 21 Gartencenter mit dem Qualitätszeichen „Fach-Garten-Center" ausgezeichnet. In Mecklenburg-Vorpommern darf künftig nur der Rostocker Markt „De Grönfingers" für vier Jahre diesen Titel tragen.
Nicht zu vergessen: Unsere Tierpatenschaft mit freilaufenden Igeln aus dem Rostocker Zoo!

Perspektive 2005 – bei laufendem Geschäftsbetrieb starteten im Herbst 2003 umfangreiche Modernisierungsmaßnahmen

Grönfingers Rostocks Gartenfachmarkt GmbH
Alt-Bartelsdorfer Str. 18 • D–18146 Rostock • Tel. (0381) 69 69 47 • Fax (0381) 69 87 65 • www.groenfinger.de

Würden wir links nach der langen Eingangsbrücke vor der Tagungsrotunde vom IGA-Hauptweg abbiegen und in Richtung des modern sanierten Plattenstadtteiles Groß Klein abbiegen, könnten wir eines jener Areale der IGA besuchen, das eher unspektakulär daherkommt, aber eigentlich den Reiz dieser Gartenschau mit ausmacht. Über eine kleine Brücke, ja richtig, die, die wir schon vorhin beim Fotografieren beobachteten, gelangt man über die wiedervernässten Flächen des Altarmes des Schmarler Baches mit Anschluss an die Kleine Warnow zum so genannten Inselspielplatz. Am Wegesrand dorthin ist eine Ruhezone. IGA-Kenner haben sich eine bunte Decke mitgebracht und sie über den Rasen und den grünen Klee ausgebreitet. Schlummerzeit, Ruhezeit. Auf den vielen Bänken räkeln sich Spaziergänger in der Sonne und genießen ein Stückchen links des Trubels eine kleine Brotzeit.

Auf dem Weg drängen die jüngsten IGA-Besucher, die schon einmal da waren und sich demnach richtig gut auskennen, vorwärts. Schon sieht man das blaue überdimensionale Fischernetz, das mit seinen herausgezogenen Fischen und alten Schuhen zum Klettern einlädt. Längst haben die Steppkes ihre Eltern und Aufpasser vergessen und sind mit Gulliver auf Abenteuerreise ins Riesenland aufgebrochen. Ungehört verhallen:

„Sei vorsichtig ...", „Kletter nicht so hoch ...", „Pass auf...".

Aufpassen, nicht hoch klettern, vorsichtig sein, im Land der Riesen? Wo man doch selbst Gullivers bester starker Freund ist? Wo man Abenteuer erleben kann ... Vorsichtig!? „Bäh!"

Und so bleibt den Warnenden nur der Weg ins Abenteuer. Hinterher auf Gullivers Insel. Hoch auf die Rutsche, ganz nach oben auf den Kopf des Riesen:

„Willst du doch gleich ..., na warte ..., wenn ich dich kriege ...!"

Sie bestaunen gemeinsam die menschengroßen Insekten, klettern hoch und höher. Urige Holzstege führen zu den überdimensionalen (Holz)Grashalmen. Es geht am schweinchengroßen Marienkäfer vorbei, an der ziegengroßen Raupe, der schafsgroßen Schnecke und dem polizeiautogroßen Grashüpfer. Riesenviecher. Längst sind alle Warnungen vergessen. Auf geht's zur gespenstischen Spin-

Kloock

ne ins Netz. Und dem abgerutschten Papa bleibt nur ein schiefes Grinsen zu seinem Sechsjährigen, der mitleidig sagt: „Wärst doch mir nach gekommen. Ich hätt' dich gehalten." Sagt's und verschwindet wieder ..., nach oben. Mann, lass ihn doch!

Mama bedient inzwischen die Handpumpe mit Schöpfwerk. Nicht so doll, Mama! Hier soll man gemütlich die Wege des Wassers ergründen. Langsam, nicht so doll. Zu spät, die Wasserflut schwillt an und schwappt über. Die Holzrohre halten der Flut nicht stand. Siehst du, Mama, so entsteht auf der Rieseninsel ein Hochwasser! Und promt der Kommentar des Vierjährigen:

„Weißu nich, wie das gehen tut? Zeichichdirma, Mama. Später. Muss ersnochrutschen, Mama."

Vorn am Ende des Spielplatzes kann man sich ein Bild machen, wie der Schmarler Bach renaturiert wurde. Die ursprüngliche Gewässerlandschaft ist wiederhergestellt. Unter dem Einfluss zuströmenden Brackwassers, ansteigenden Grundwasserspiegels und begrenzten Hochwassers kann es hier zur Moorregeneration kommen:

„Siehssu Mama, manchmal is' Hochwasser auch gut."

Brettmann (2)

Kloock

Um die Ecke steht eine farbenfroh nachempfundene Holzkogge, auf der Vater, Mutter und Kind See-abenteuer spielen:

„Aijai Käpt'n, wir sind bereit zum Auslaufen ...", so der dicke schwitzende Papa. „Laaand in Sicht ..." die nicht minder pummelige Mama.

Und der klapperdürre Käpt'n, der offensichtlich in den letzten Wochen seinen zweiten Gestaltwandel hinter sich brachte, leger:

„Könnt ihr euch ma einigen Leute, ob wir ankomm oder ob wir abfahr'n. Ihr habt ja wirklich keine Kennung. Mit euch macht Spielen wirklich keinen Spaß."

Lassen wir die drei diskutieren. Das wird zur Pubertät hin noch viel besser, wenn der Käpt'n von sich aus befiehlt, ob ein- oder ausgelaufen wird und das mit dem Kommentar:

„Macht ma hinne, eh, ich will um Elve nachts noch zur Disko."

Wenige Augenblicke – wie wahr: Augen-Blicke – weiter lädt der Rosenhang zum Schwärmen ein. Wie viele Rosen es gibt. Ein Fest der Sinne. Die Namen der Königin der Blumen sind so vielfältig und klingend, wie ihre Farben und Formen und Düfte: Ballerina, Swany, Princess Margaret, Schneezauber, Ice Meidiland ... Man ist versucht, die Blumen zu streicheln und immer wieder mit der Nase zu genießen. Ob die auch so schmecken, wie sie riechen. Man ist versucht, hineinzubeißen.

Der intensive Genuss macht Rückenschmerzen. Vom Bücken

Brettmann (2)

Dieses Kapitel präsentiert: tv.rostock mediadock GmbH

Kloock

und Riechen. Im Vorbeigehen:

„Bei mir werden die nie so. Immer Flecken vom Mehltau oder vom Spritzen. Das ist doch gemein."

Wohin wenden wir uns nun? Wir können nach links, wir können nach rechts gehen. Wie gut, dass wir eine Karte haben. Wie schön, dass es überall die gelungenen Wegweiser gibt, „Quartiersplan" genannt. Gehen wir erst zum International Foodmarket? (Wie international das klingt – „International Foodmarket". „Würstchenbude, Pommesstand, Fresstempel" hätten wir wohl gesagt. Aber dies ist eine Weltausstellung: „International Foodmarket"!) Oder wandeln wir über die nächste Brücke und die gut versteckte Straße zwischen den Stadtteilen Groß Klein und Schmarl in Richtung der nächsten Blumenhügel? Die Entscheidung fällt für ... nein, falsch ... für die Blumenhügel. Wer des Öfteren auf der IGA war, weiß, dass die Blumenarrangements vielfach gewechselt haben. Von Frühblühern, wie Tulpen und Stiefmütterchen zu Männertreu, Eisbegonien, Zinnien, Werbalsam, Günsel ...

Brettmann (2)

Grüne Weltausstellung am Meer – ein Meer der Blumen

Im Rostocker Garten „Traum des kleinen Smutje"

Im Garten der Vereinigten Arabischen Emirate

Nach einer Kinderzeichnung aus der KiTa am Dänenberg

Brettmann (4)

Die IGA als Ort für Kunst, Kultur und Veranstaltungen

Aufmerksame Gäste werden registriert haben, dass immer irgendwo fleißige Gartengestalter unauf-
fällig am Werk sind und Blätter zupfen, wässern, umpflanzen.

Ein pfiffiges grünes Linde-Arbeitsmobil von Ferdinand Schultz Nachfolger rollt uns leise entgegen.
Selbstverständlich elektrisch betrieben. Der schönen Umwelt zuliebe. Die großen Elektroverteiler-
kästen für die Schau sind quasi als Ausstellungsbestandteile eingebunden. Schick besprayt von ach-
so-schlimmen-Jugendlichen, die mit fröhlichen und gekonnten Blumenbildern zeigen, dass Graffi-
ti etwas Schönes sein kann und auch ältere Herrschaft begeistert. Eben nur nicht ungekonnt an der
eigenen weißen Hauswand ...
Ein Müllmann fährt mit dem Fahrrad vorbei und leert den nächsten Papierkorb in seine mitgeführ-
te große Mülltonne. Am Eisstand ist die Hölle los. Schlangestehen wird billigend in Kauf genommen. Nicht zuletzt, weil die Verkäuferinnen freundlich und schnell sind:
„Noch ein Kügelchen? Wohin das denn noch, in die Hosentasche?"
Zwei Polizisten unterhalten sich gut gelaunt mit Besuchern und weisen den Weg zur nächsten der
vielen überall auf dem Gelände platzierten Toiletten. Toiletten finden sich überall, sie sind sauber ...
Auch das ist die IGA – perfekte Infrastruktur und professionelle Dienstbereitschaft.

Da drüben, gleich neben uns einige Meter weiter der IGA-Chef Fax bei einem seiner täglichen Kon-
trollrundgänge. Hände auf dem Rücken verschränkt, um sich blickend ... Er geht langsam, registriert
hier ein paar verwelkte Pflanzen, ärgert sich dort über ein IGA-Restaurant, vor dem eine Schlange
steht, freut sich über eine neue Anpflanzung und über den Besucherandrang.

Es hat ein wenig zu nieseln begonnen. Nur ein Schauer. Denn eigentlich hat dieser Sommer immerzu nur IGA-Wetter. Strahlende Sonne und nachts leichten Sommerregen für schönes kräftiges Grün. Und so ist selbst der bei der Eröffnungsfeier gerade noch glatt gezogene Rollrasen prima angewachsen. Damals hieß es noch: „Stolpern Sie nicht, ist gerade erst ausgerollt." Heute dagegen: „Waren Sie schon mal auf unserem Rasen, wie ein Teppich?"

Das muss jetzt nicht sein, der Kommentar kommt prompt von der Seite:

„Ich weiß nicht, Jochen, dein Rasen sieht nie so aus. Du machst auch immer alles verkehrt." Peng, das saß.

Wohin jetzt? Vielleicht schnell zur Parkbühne. Aus dieser Richtung dringen ohnehin bekannte Klänge an unser Ohr:

„bumbumbum-bumbumbum-bumbumbum-bumbum-bumbumbumbumbum-bumbum-bumbum-bumbum-buuuuuuu-um."

Klar, richtig erkannt, „Peter und der Wolf". Auf der Parkbühne spielt die Norddeutsche Philharmonie. Kinder und Erwachsene haben sich unter dem großen weißen, zeltartigen Kuppeldach zusammengedrängt, um dem aufregenden Abenteuer um Peter und seine Freunde im Kampf gegen den bösen Wolf zu folgen. Mit dem letzten leisen Oboen-„Quaaak" der Ente aus dem Wolfsbauch verklingt auch der Regen. So muss es sein.

Kloock (2)

Nicht nur ein Sommernachtstraum ...

Unzählig sind sie, die Veranstaltungen, die die Besucher zusätzlich zum Genuss der gelungenen Gestaltung des IGA-Parks insgesamt, zusätzlich zu den Blumen- und Pflanzenschauen in der Internationalen Blumenhalle, den Wechselbepflanzungen in den Freianlagen, den Nationengärten und den Schwimmenden Gärten sowie in den sieben Rostocker Gärten mit dem Besuch der IGA verbinden konnten. Ob Parkbühne, Weltbühne oder Bühne Bellevue, ob Norddeutsche Philharmonie oder Pasternack Group oder die exzellenten Petersburger Bläser des Quartett Promenade, wenn es etwas zu sehen oder zu hören gab, hielten die Besucher inne und fanden Entspannung.
Bunt und für jeden Geschmack etwas dabei. Das war das Veranstaltungsprogramm der Internationalen Gartenbauausstellung.
Es gab wieder Freilichtkino! Aktuelle Filmhits wie „Good Bye Lenin" neben Klassikern wie Charly Chaplin „City Lights" oder Kultfilmen wie der DEFA-Produktion „Heißer Sommer".
Heißer Sommer auch, wenn IGA-Medienpartner NDR zu Parties und Open Air einlud.
Bonnie Tyler, Chris Norman, Melanie C. ... die Liste war lang, die Stimmung prächtig.
Eine IGA am Meer ohne Shanties? Unmöglich! Wer von den Busreisenden das IGA-Gelände per Fähre verließ, summte den einen oder anderen Shanty der Klaashahns oder der Reriker Heulbojen noch vor sich hin. Unvergessen die Aufführungen von „Carmina Burana". Wie oft müsste das Volkstheater Carl Orffs Meisterstück in den Spielplan aufnehmen, um es mehr als 10.000 Besuchern zu Gehör zu bringen? Auf der IGA reichten vier Abende. Oder die Philharmonie der Nationen mit Justus Frantz am Dirigentenpult!
Und dann die kleinen Darbietungen junger Künstler. Tänzerinnen in den Wasserbecken. Rosen, die erblühten, Programme für die Familie mit den „Ramonas" und ihrem Programm mit Schlagern der 50er Jahre. Klassik, Jazz, Volks- und Militärmusik. Profis, Amateure, Studenten der Rostocker Hochschule für Musik und Theater – z.B. mit ihrem Beatles-Projekt -, das war der bunte Strauß der Unterhaltung auf der IGA. Auch Schauspiel war mit dabei: Das Volkstheater Rostock mit Shakespeares „Sommernachtstraum".
Möge doch soviel Kultur auf einem der schönsten Flecken, die die Hansestadt Rostock zu bieten hat nicht nur der Traum eines einzigen IGA-Sommers gewesen sein!   *Jochen Michaels*

Auf der grünen Rollrasenfläche vor der Parkbühne haben fleißige Riesen überdimensionale Spaten in das Erdreich gerammt. Anziehungspunkt für die Fotohungrigen. Sie klettern auf die XXL-Gartengeräte und lassen sich knipsen. Gerade so, als hätten sie mit diesen Minibaggern das IGA-Gelände beackert und gebaut. Die Kommentare wiederum in bester Urlaubslaune und lustig:
„Wenn du nur einmal zu Hause den Spaten in die Hand nehmen würdest."
„Klausi, kannst du mal auf den Spaten klettern, dann wirkst du so schön klein."
„Tina, schade, dass hier kein Reisigbesen steht, der würde viel besser zu dir passen."
„Otto, gehst du mal in die Nähe der Riesendinger, hier scheint eine besondere Strahlung alles überdimensional wachsen zu lassen, hä, hä, hähähähä."

Ein Gärtnerspruch: „Man sieht den blühenden Garten, den Spaten sieht man nicht." Auf der IGA war dies anders.

Ein bunter Veranstaltungsreigen: „Local Meets International"

Brettmann (3)

Der
City-Marathon
führte über die
IGA

Die mutige IGA–Fotografin Margit Brettmann auf
einer Seilbahngondel

Kloock (2)

Brettmann

Zeit für Lübzer
Mecklenburgische Brauerei Lübz als „Offizieller Partner der IGA 2003"

Die IGA 2003 in Rostock war ein echter Publikumsmagnet. Die Mecklenburgische Brauerei Lübz, die Nummer Eins unter den Premium-Bieren im Nordosten, konnte einen großen Teil zu ihrem Gelingen beitragen. Mit Lübzer Pils und dem Newcomer Lübzer Lemon sowie mit ihrer Gastronomie- und Eventkompetenz war die Brauerei bei Gästen und Veranstaltern gleichermaßen beliebt. Ob im „Land's End" oder im Biergarten – fast eine Million Gläser Lübzer sind während der IGA getrunken worden.

Bei dem heißen Jahrhundertsommer eine willkommene Erfrischung! Und die Brauerei Lübz sorgte dafür, dass hiervon in den zahlreichen Gastronomien auf dem Ausstellungsgelände ausreichend vorhanden war.
Auch bei den Veranstaltungshighlights war die Erfahrung aus dem Eventbereich der Brauerei gefordert. Ob bei den NDR-Sommerkonzerten, den „IGA-Proms" oder der „Sunflower-Rallye" des ADAC – Lübzer Pils durfte nicht fehlen. Zusätzliche Ausschankstellen brachten das Bier zum Ort des Geschehens und sorgten so für einen gelungenen Abend.
Die IGA, die Besucher aus der Region, aber auch aus ganz Deutschland anlockte, bot die Möglichkeit, die Verbundenheit der Brauerei zur Natur und zu ihrer Heimat Mecklenburg-Vorpommern darzustellen. Lübzer Pils steht für die reine und unverfälschte Natur und Landschaft Mecklenburg-Vorpommerns, für Momente der Ruhe und Entspannung. Und wo passt das Premium-Pils besser hin als auf die IGA?

Lübzer Pils lädt in den Hopfengarten ein

Mit einem eigenen Hopfengarten auf dem Veranstaltungsgelände der IGA, unmittelbar neben der Parkbühne, sorgte die Mecklenburgische Brauerei Lübz für Aufmerksamkeit. Der Garten zeigte den Reifeprozess der Zutaten für Lübzer Pils, gebraut nach dem deutschen Reinheitsgebot, und gab Auskunft über den Brauprozess.
Vom Anbau der Gerste über das Einlagern, Kochen, Maischen und Gären bis hin zum Reifeprozess – alles, was die IGA-Gäste über die Zutaten und den Zubereitungsprozess wissen mochten, konnten sie hier erfahren. Im Monat August, der typischen Erntezeit für die Inhaltsstoffe, stand der Hopfengarten nicht nur in voller Pracht. Die Mecklenburgische Brauerei Lübz war vor Ort mit einem Braumeister vertreten, der keine Frage unbeantwortet ließ.

Mecklenburgische Brauerei Lübz GmbH
Gründung: 1877
Sitz: Lübz, Mecklenburg-Vorpommern
Mitarbeiter: 221 Mitarbeiter, 9 Auszubildende
Marktanteil: Mit 22 % Marktanteil ist die Mecklenburgische Brauerei Lübz Marktführer im Nordosten
Produkte: Lübzer Pils, Lübzer Lemon, Lübzer Export Lübzer Bock

Sponsoring: FC Hansa Rostock, Volleyballdamenmannschaft Schweriner SC, Stralsunder HV, Schlossfestspiele Schwerin, Festspiele Mecklenburg-Vorpommern, Usedomer Musiksommer, CSI Reitturniere Redefin und Neustadt/Dosse, Hengstparaden Redefin und Neustadt/Dosse, Galopprennen Bad Doberan

Mecklenburgische Brauerei Lübz GmbH
Eisenbeissstraße 1 • 19386 Lübz
Tel. (038731)36-0 • Fax (038731)36-293 • www.luebzer.de

Größtes Drachenboottreffender Welt

Prominenz auf der IGA am Meer

Bundesfinanzminister Hans Eichel

Bundesverteidigungsminister Peter Struck und Ober-
bürgermeister Arno Pöker

Landwirtschaftsminister M-V, Till Backhaus

Ministerpräsident Harald Ringstorff und IGA-Chef
Wilhelm Fax

Brettmann (4)

Verbraucherministerin Renate Künast, Bundespräsident Johannes Rau

Brettmanr

Melanie C

Unser Sandmännchen

Kloock (3)

ADI vom Kinderfernsehen

ZVG-Präsident Karl Zwermann, Bundesverkehrsminister Manfred Stolpe

Die Prinzen

Helene Pohl – IGA-Eintritt zum Geschenk kurz nach dem 100. Geburtstag

Bundeskanzler Gerhard Schröder

IGA-Rundfahrt

Verdiente Pause

Schon gesehen?

Dem Künstler über die Schulter geschaut

Erbauung im Weidendom

Gleich wenige Meter weiter nähern wir uns einer besonderen Attraktion dieser Weltausstellung, dem größten Pflanzenbauwerk der Welt. Die Gäste sind gut vorbereitet. Sie wissen schon längst, was kommt:

„Der Weidendom bleibt später für immer hier stehen."

„Es ist ein Bauwerk verschiedener Kirchen, die sich dafür zusammengefunden haben."

„Erst vor zwei Jahren gepflanzt, und schon so dicht. Das ist doch Klasse."

„Da ganz rechts, da hab ich die Weidenstränge mitgepflanzt. Tja, wenn ich nicht dabei gewesen wäre ..."

Die Gedanken gehen einige Monate zurück. Wie war das damals für die Schüler der St. Michael-Schule?

Etwas aufgeregt sind sie schon, die Schüler der St. Michael-Schule. Denn gleich werden sie ihren Auftritt im Weidendom haben, werden trotz und mit ihrer Behinderung vor den Besuchern singen und tanzen. Der Chor ist zuerst an der Reihe. Das Podest hat keine Rampe, also werden die Rollstuhlfahrer darauf gehoben. Frau Stein gibt den Ton an, das erste Lied erklingt und wird mit dem Keyboard und Schlaginstrumenten begleitet.

So begann das Programm im Weidendom am 17. Juni 2003. Die evangelische Pflege- und Fördereinrichtung „Michaelshof" für Menschen mit geistiger oder mehrfacher Behinderung aus Rostock- Gehlsdorf hatte im Rahmen der Woche der Diakonie die Gestaltung des Tages übernommen.

Der Chor bekommt viel Applaus. Da strahlen die Kinderaugen. Aber die der Zuschauer auch.
Jetzt folgt ein Tanz, bei dem die Schüler bunte Tücher schwenken. Man sieht, dass einigen Kindern die Tanzbewegungen aufgrund ihrer Behinderung nicht leicht fallen. Sie sind trotzdem mit Eifer bei der Sache.

Im hinteren Teil des Weidendoms haben Mitarbeiter des „Michaelshofes" Stände aufgebaut. Die Besucher können zuschauen, wie beispielhafte Arbeiten in der Werkstatt für behinderte Menschen (WfbM) ausgeführt werden. Hier entsteht unter Anleitung von Frau Friedrich Raumschmuck aus getrockneten Blumen und Gräsern, dort werden Folienbeschriftungen und Stempel hergestellt. An anderer Stelle sind Produkte der Keramikwerkstatt des Michaelshofes ausgestellt. Auch die Kröpeliner Werkstätten, eine Zweigstelle der WfbM im Michaelshof, ist vertreten. Viele Besucher bleiben stehen. Fragen nach, nehmen gern ein Faltblatt oder ein Schlüsselband mit dem Aufdruck „Michaelshof" mit.

Nachdem Pastor Seyfarth den Besuchern über Geschichte, Struktur und diakonisches Profil des Michaelshofes etwas vorgetragen hat, folgt die Theatergruppe. Herr Strek, der Leiter dieser Gruppe, spielt selbst mit. Die Kulissen und Kostüme sind aus eigenen Kräften liebevoll gestaltet worden. Heute auf dem Programm: Ausschnitte aus der jüngsten Inszenierung „Tom Sawyers Abenteuer", frei nach Mark Twain. Die Schauspieler geben sich große Mühe und setzen zielsicher die Pointen. Das Publikum reagiert mit Lachen. „Dass behinderte Kinder und Jugendliche so gut Theater spielen können, das hätte ich nicht gedacht", sagt hinterher einer von den Besuchern, und spricht damit aus, was viele der Zuschauer während der Vorstellung gedacht haben.

Im Laufe des Tages wird das kleine Programm mehrfach wiederholt. Es entwickeln sich Gespräche zwischen den Mitarbeitern des Michaelshofes und den Besuchern des Weidendoms. Immer wieder geht es um Menschen mit Behinderung, um ihre Integration, ihre Förderung und um die Kommunikation mit ihnen.

Michaelshof

Behinderte Kinder auf der Bühne

Kloock

Andacht ...

Mit großem Interesse wird auch die Fotogalerie zur Kenntnis genommen. Behinderte haben Eindrücke aus ihrer Alltagserfahrung fotografisch festgehalten.

Das Wetter spielt mit und die Stimmung ist gut. Für die Behinderten aus dem Michaelshof - ob Heimbewohner, Werkstattbeschäftigte oder Schüler – ist dieser Tag ein wunderschönes und aufregendes Erlebnis, vor allem der Gang in so eine große Öffentlichkeit. Und auch für die Besucher des Weidendoms ist die Begegnung mit behinderten Menschen ein besonderes, vielleicht nachhaltiges Erlebnis. Ludwig Seyfarth

Wir betreten das Weidenbauwerk andächtig und schweigend. Eine Kirche aus lebendem Holz. Das passt. Das hat mit Schöpfung zu tun. Jeder geht seinen Gedanken nach. Viele Gäste flüstern miteinander. Der Dom hat die Besucher in seinen Bann gezogen. Das Bild ist beeindruckend. Sie betreten die lichte Halle und richten ihre Augen nach oben...
Unter der Leinenbespannung sind die Stühle besetzt. Eine Andacht beginnt:
„Und so lassen Sie uns zehn Minuten inne halten ... zur Ruhe kommen ...!"

„Erheben Sie sich, um mit mir das Vaterunser zu beten ...“ Und sie erheben sich: „Vater, der du bist im Himmel ...“.

„Wenn Sie jetzt weitergehen, gehen Sie mit dem Segen Gottes!“

Die Blicke schweifen in das Grün der Weiden, die immer dichter werden.

... und Seefahrergottesdienst

Der IGA-Weidendom – Stätte der Begegnungen

Wo gab es das schon einmal? Ein lebendes Haus für Andachten, Gebete, Hochzeiten, Taufen – für Begegnungen von Menschen ganz unterschiedlicher Herkunft.

Das ist der Weidendom auf der IGA.

Wie kaum ein anderes Projekt auf dem 100 Hektar großen Areal ist er im wahrsten Sinne des Wortes verwurzelt mit dem Standort.

Die Idee dazu kommt aus Schmarl, dem kleinsten der fünf Wohngebiete im Rostocker Nordwesten, die den Weltausstellungspark am Westufer der Warnow umgeben. Für die hier lebenden rund 100.000 Einwohner wird er künftig das Naherholungsgebiet, der Freizeit-, Erholungs- und Erlebnispark sein.

Der geistige Vater: Albrecht Krummsdorf. Emeritierter Professor der Rostocker Universität, Mitglied der Schmarler Kirchgemeinde.

Das Material für das größte Baumpflanzwerk der Welt stammt vom IGA-Gelände selbst. Die alten Bäume am historischen Kopfweidenweg, einer alten Wegeverbindung zwischen dem Rostocker Stadtkern und dem Seebad Warnemünde, mussten dringend gestutzt werden, ihre Äste hatte die stattliche Länge von mehr als zwölf Metern oftmals überschritten. Das geschah im Dezember 2000.

Die Umsetzung begann dann nach den Plänen des Schweizer Architekten Marcel Kalberer. Der hatte sich bereits mit anderen Kuppelbauten aus Weidenmaterial einen Namen gemacht. Unter anderem in Jena-Auerstädt, in Berlin und auch in einem der Außenstandorte der Internationalen Gartenbauausstellung, im Natur- und Geschichtenpark Ehmkendorf.

Nun aber ein Dom! Größer als alles bisher da Gewesene. Höher und länger, drei Schiffe, eine Kuppel. Ein Dom, dessen Wachsen und Werden sonst Jahrhunderte dauerte. Hier soll er zum Beginn der IGA am 25. April 2003 Gäste aus aller Welt einladen. So ist es nur natürlich, dass an seinem Entstehen ab März 2001 über 650 Weidenbauer zwischen 10 und 75 Jahren aus 13 Nationen beteiligt sind. Die Erbauer kommen aus den Partnergemeinden der am Projekt Kirche auf der IGA beteiligten norddeutschen Kirchen: Der Evangelisch-Lutherischen Landeskirche Mecklenburgs, der Pommerschen Evangelischen Kirche, der Nordelbischen Evangelisch-Lutherische Kirche und dem Erzbistum Hamburg.

Die Weidenruten werden zu langen Bögen zusammengebunden, einen Meter tief in der Schmarler Erde vergraben und oben vereint. So wachsen die Kuppel und die Schiffe. Über 50 Meter in die Länge und 15 Meter in die Höhe. Etwas Größeres in der Art gibt es auf der ganzen Welt nicht! Im ersten Jahr brauchen sie viel Wasser, damit sich neue Wurzeln bilden können, neue Kraft in das Pflanzwerk wachsen kann. Die bange Frage, ob denn auch alles anwachsen werde, wird im ersten Sommer mit Ja beantwortet. Bereits jetzt treffen sich Christen zu Andachten auf der Baustelle der IGA. Sie ergreifen Besitz von ihrem Dom in Rostock.

Weitere Arbeiten folgen. Aus Abbruchziegeln einer alten Kaserne wird ein Fußboden gelegt. Einbauten werden errichtet, in der Kuppel eine Plane eingezogen, das Umfeld wird gestaltet. Und die Planungen für ein umfangreiches und breit gefächertes Programm beginnen.

Gottesdienste, Andachten, Hochzeiten, Bilderausstellungen, Konzerte – all das lockt während der IGA täglich Tausende. Hier genießt man Stille. Es ist der Platz der Einkehr, der Besinnung. Aber auch die Stätte der Begegnung. Begegnung. Da gibt es für mich einen besonderen Tag im Weidendom. Der 18. Mai. Als Öffentlichkeitsarbeiter der IGA will ich über die erste kirchliche Trauung im Pflanzenbauwerk berichten. Ich komme rechtzeitig, um den Ablauf zu erfahren, etwas über die jungen Brautleute. Christian Tiede, der Leiter der Kirche auf der IGA verweist mich an den Pastoren, der die Trauung vornehmen wird. Vor mir steht ein Mann im Talar. Sein Gesicht kommt mir bekannt vor. Im Kopf arbeitet es – Christian bist du das?! Er ist es.

1968 haben wir beide in Rostock die 10. Klasse abgeschlossen, uns seitdem nicht wieder gesehen. Zwei Jahre waren wir Banknachbarn, dann trennten sich unsere Wege. Er studierte Theologie, ich Journalistik, und obwohl wir beide fast zur gleichen Zeit am gleichen Ort in Leipzig waren, trafen wir uns nicht wieder. Er arbeitete dann viele Jahre in Ivenack, wovon ich gehört hatte, und ich in Rostock. Als ich dann einmal Ivenack besuchte und nach ihm fragte, war er wenige Wochen zuvor nach Wismar verzogen... also wieder kein Wiedersehen. Und jetzt hier im Weidendom auf der IGA. Wir umarmten uns herzlich – und wir haben uns danach wieder getroffen auf der IGA. 35 Jahre wollten wir nicht noch einmal verstreichen lassen.   Jochen Michaels

Im Weidendom

Brettmann (2)

Kloock (2)

Dreimal Hochzeit, sechs Taufen im Weidendom während der IGA

Kloock

Brettmann

Vom Mecklenburgischen Hallenhaus zum Meer an der IGA

Vom IGA-Zentrum kommend, erreicht der Besucher das Mecklenburgische Hallenhaus über eine schwingende Betonbrücke. Geht man in der Nähe etwas schwererer Personen, gerät die Brücke ins Schwingen. Kurz vor dem Aufsetzen der Füße tritt der Schlendernde ein klein wenig ins Leere und schwingt mit. Das schärft die Aufmerksamkeit, gibt auch manchen kleinen kicksenden Lacher. In jedem Falle gelangt man hellwach und selbstverständlich trockenen Fußes zur anderen Seite des Warnoweinflusses.

Der Besucher nimmt, derartig inspiriert, ein Higlight der IGA auf der anderen Fließseite um so besser wahr - das Mecklenburgische Hallenhaus. Mit seinem weit ausladenden Reetdach passt dieses Gebäude fein in die flache und von Schilfrändern gesäumte Landschaft. Der Holzständerbau im Innern mit dem großen Eisenofen in der Mitte verheißt gemütliche Winterabende.

Die schwingende Stahlbandbrücke

Was ist das, wir werden erwartet? Mit dem Kopf gestützt auf seinen Stock erwartet uns ein Großvater auf der anderen Seite. Auf einer Bank sitzend, hat er seinen Blick auf das nahe Groß Klein gerichtet. Ein Schaf steht still neben ihm. Kinder tollen um die beiden herum, die sich nicht aus der Ruhe bringen lassen. Nein, das geht jetzt ja wohl doch zu weit. Ein klei-

Das Mecklenburgische Hallenhaus

Dieses Kapitel präsentiert: Industrie- und Handelskammer Rostock

Kloock (3)

ner Knabe klettert auf das dicke Wollschaf und ein Mädchen fasst dem Opa an die große Nase? Er verzieht kaum seine Miene. Man muss ja wohl aus Stein sein, um sich das gefallen zu lassen. Aus Stein, nein genauer, aus Beton. Bärbel Kolberg hat uns in die Irre geführt. Die Bildhauerin provoziert geradezu die Fotowut der ankommenden Gäste. Auch der Großvater mit der Schiffermütze gleich nebenan muss sich so allerhand gefallen lassen. Gemütlich unter einer Weide sitzend, blickt er auf das Hallenhaus und duldet einen Fotogast nach dem anderen neben sich. Hand um die Schultern, Hand auf dem Schenkel ... Gegen das Wetter ist er gut gewappnet, er trägt eine lustige Kapitänsmütze, warme gestrickte Wollsocken und Holzpantinen.

Bärbel Kolberg kostet unseren Spaß voll aus. Ein Großvater steht wichtig da und blickt auf den nahen begrünten VW-Käfer – im langen Mantel, mit lebenserfahrenem Gesicht und einem fetten Möwenschiss auf dem guten Mantel. Eine kleine Oma sitzt nebenan auf der Bank, die Sitzfläche zur Linken ist abgescheuert, so viele Fotogäste haben schon an der Seite der kleinen gemütlichen Betonfrau Platz genommen. „Wie unsere Oma!"- sagen sie fast alle.
Selbst im Eingang zur Hallenschau mit seiner Umwelt und Naturpräsentation streckt uns ein lustiger Betonmensch im schwarzen Anzug feierlich die Hand entgegen: „Ihren Mantel bitte!", oder will er nur ein Trinkgeld?

Wer sich an die Fahrt der Seilbahngondeln über die IGA erinnert, weiß um die Besonderheiten: Die IGA am Meer, die IGA der gestalteten Wege und Bepflanzungen, die IGA der Ursprünglichkeit und des natürlichen Pflanzenreichtums. Auf schmalen Muschelwegen kann der Besucher in die ursprünglichen Naturareale einbiegen. Geländekenner finden in den ausgedehnten Schilf- und Weidenflächen Ansatzpunkte ihnen aus Kinder- und Strötertagen vertrauter Landschaft vor. Waren hier nicht schon immer die alten Kopfweiden, ist das etwa der damalige alte Kiesbaggertümpel (mit seinem Schrott), haben wir nicht hier im Unterholz spannende Geländespiele veranstaltet?
Selbst diese Natürlichkeit ist behutsam kultiviert worden. Entschrottet, ausgeholzt, begradigt aber doch ursprünglich. Ist das hier schön geworden!
Anerkennung, als eine IGA-Hostess es ihren Gästen erklärt: „Früher war das Natur pur. Ohne Schick. Wir haben die Flussläufe entrümpelt, bei Frost Schilf geschnitten, einen Durchstich geschaffen, damit das Wasser wieder in verödete Flächen einströmen kann."

Oasen der Ruhe

Kloock

Brettmann (4)

Zum Kiesweiher geht es heute auf bequemen Holzstegen, die sich in die Schilfumgebung herrlich einfügen. Wir wandeln auf den Wegen zu fernen Klängen von „Peter und der Wolf". Das Schilf raschelt ... Ob da nicht ...? Weiter im Schilf erschließen sich uns andere Klangräume. Aus einem liegenden Weiden-Wunderhorn klingt ein Pochen und Dröhnen, ein elektronischer Herzschlag. Der Herzschlag der IGA? Einprägend. Die akustische Installation lässt inne halten: „Wo die Weltkörper miteinander spielen, Zuneigung verraten, ihr Menuett mit Anstand fortfahren, zur Harmonie der Sphären... (Schopenhauer)."

Im nahen Insektenhotel, einer gerahmten Zusammenfügung von Holzscheiben und Aststücken, wimmelt das Leben. Die Unterschlupf- und Nisthilfe für Spinnen und Käfer ist rege angenommen, Wildbienen und Wespenarten umschwirren die Installation. Ein passender Name „Insektenhotel".

Gleich hinter dem Weidendom, nur wenige Meter von unserem Insektenhotel entfernt, nähern wir uns einer parallelen Wegführung in Richtung Uferkante. Wer es denn will, spaziert in Richtung Lands End, wie diese nördlichste IGA-Stelle heißt, auf einer Holztraverse oder parallel auf einem Spazierweg. Oben auf dem Holzgeläuf, stehen Ruhestühle und Bänke. Diese Gitterkonstruktionen finden sich überall auf der IGA. Sie werden begeistert angenommen. Legt man die Beine hoch, mag dem IGA-Wanderer das eine oder andere Mal ein Auge zufallen. Von hier aus erhascht der Besucher auch die ersten Blicke auf das Meer. Viele Menschen packen hier ihre Verpflegungsrucksäcke aus und genehmigen sich eine längere Pause. Andere unterhalten sich und werten aus:

„Das Schönste bisher? Der Weidendom."
„Nein, die Blumenhalle."
„Ich fand die Seilbahnfahrt am schönsten."
Und ein ganz kleiner Fünfjähriger leise:
„Ich fande die Blumenmächen scheene."
Sein Vater: „Isch auch."

Und die Mutti dazu? Leicht böser Blick zu dem Großen, verliebter zu dem Kleinen. Wenn zwei das Gleiche sagen, ist es halt nicht immer Dasselbe.

„Draußen schmeckt's doch am besten aber man muss alles bei ham."
„4,80 Kartoffelsalat – da bleibt einem ja der Bissen im Halse stecken. Die ham wohl 'ne Scheibe."
„Stimmt, weißt du, warum hier Bänke steh'n? Damit man beim Preiselesen nicht umfällt. Hi, hi, har, har!"

Kloock (2)

Im Schilf vor den Ruhenden eine weitere Kunstprojektion, eine Künstlerin hat Seidenfahnen im Schilf verankert, die sich im Wind blähen. Ein Kleiner: „Papa, Papa, da vorne is ein weißes Boot." „Das is' kein Boot, das is eine Fähre." „Papa, das is' ein Boot, ich seh' keine Pferde."

Kunst auf der IGA

Im Garten der Frauen, Österreich

Chinesischer Garten auf Meissner Porzellan

Thomas Jastram, Torso der Stehenden

Michael Mohns, Leviathan 2

Im Garten der Frauen, Österreich

Sven Domann, Die siebente Pyramide

IGA-Attraktionen an der Warnow

Der Stahlpavillon im Holländischen Garten hat es manchem Besucher angetan: Ein Haus aus Blättern, fünf Stockwerke hoch. Fünf Lichtsäulen mit flimmernden Bildern und Sphärenmusik. Angenehme Sprecherstimmen künden vom Schutz der Erde und dem der Pflanzen. Die Menschen betreten dieses eigenwillige Gebäude mit hoch gerecktem Kinn. Sie blicken die Wände entlang ins Grün des Efeus, verweilen mit den Augen einen Moment auf den Bildschirmen und pilgern weiter. Das ganze Gebäude wirkt offen, natürlich natürlich. Beim Hineinschreiten vernehmen die Gäste: „Wo Pflanzen gedeihen, gedeihen wir auch!"
Beim Verlassen: „Wir fühlen uns wohler, Dank dieser nützlichen grünen Kollegen ..." Käuzchenruf und Stieglitzfiepen begleiten uns aus dem Pavillon.

Etwas weiter sagen sich Fuchs und Hase gute Nacht. Birken prägen das Bild, ein wenig tristes Betongrau, Pfade aus finnischem roten Granit schaffen Verbindungen zwischen Mensch und Natur. Eigentlich viel Stein und wenig Aktion. Aber an irgendetwas erinnert uns die Anlage. Das sieht so aus, so irgenwie, also irgenwie sieht es hier so aus, wie in Helsinki, Finnland ... Thema getroffen. Eigenwillig, eigenartig...

Linker Hand ein toller Anblick. Die IGA am Meer läßt grüßen. Wir gehen auf das Traditionsschiff zu ...

Brettmann

Lost on „Tradi"(tionsschiff)

Die Aussicht von hier oben ist eine besondere: Nationengärten und Rostocker Gärten aus mehreren Metern Höhe; Besucher, die an der Uferpromenade flanieren und der Blick auf die Warnow, den Fährhafen und und und. Mich packt dann immer das Fernweh … Doch Schluss mit Fernweh, jetzt geht es wieder an die Arbeit. Das ist jedoch einfacher gesagt als getan:

Kaum unter Deck des Traditionsschiffes gegangen, verlässt mich auf rätselhafte Weise mein Orientierungssinn. Auf welcher Etage – sorry: welchem Deck – bin ich hier eigentlich, warum sehen alle Treppen – Seeleute nennen die glaube ich „Niedergänge" – gleich aus? Und wo sind die Schilder, die Landratten wie mir den Weg aus dem Bauch des Schiffes zeigen. Mal wieder Pech gehabt und nach langen Irrwegen durch immer gleich aussehende Gänge und Ausstellungen im Bug – oder war es doch das Heck? – gelandet. „Lost on Tradi" ist mein ganz spezielles IGA-Erlebnis. Bei jedem Besuch auf dem Schiff bin ich auf einem anderen Weg hinein- und herausgekommen und immer hat die Tour durch den stählernen Bauch länger gedauert als eigentlich gedacht.

Manchmal, ich bin ja ehrlich, bin ich auch in der Ausstellung hängen geblieben: „1.000 Jahre Schiffbau" ist das Thema, das nicht nur während der grünen Weltausstellung auf dem Tradi präsentiert wird. Nach der IGA bleiben Schiff und Außenbereich erhalten und der gesamte Komplex bildet dann für Freunde des Maritimen ein Museum der besonderen Art. Das Tradi wurde für diesen Zweck aufwändig hergerichtet – doch ein paar Wegweiser mehr hätten es aus meiner Landratten-Sicht schon sein dürfen.

Damit wir uns richtig verstehen: Ich mag Schiffe, ich mag das Meer – nur das Innenleben des Traditionsschiffes wird mir auf immer ein Rätsel bleiben. Sorry, Tradi – aber das ist meine ganz persönliche Erfahrung mit einem der Wahrzeichen der grünen Weltausstellung am Meer.   Christiane James

Kloock (3)

Zu den sieben Rostocker Gärten gleich vis-a-vis dem Traditionsschiff zählen „Johnnys Paradies" und der „Garten der lustigen Kapitänswitwe". Mit Johnny auf großer Fahrt träumen Landratten von ihrem persönlichen Paradies: Pflanzen auf engstem Raum, Gehölze, Stauden, Sommerblumen – ein paradiesisches Dickicht, dass sich in Formen und Farben von der Umgebung abhebt. Im Garten der lustigen Kapitänswitwe hingegen präsentieren sich Pflanzen, die seit Hunderten von Jahren hierher zugewandert sind. Kartoffeln und Tomaten aus Südamerika, Azaleen und Chrysanthemen als Asiatinnen, Sonnenblumen aus Nordamerika ... Flaschenpostgrüßen des ertrunkenen Kapitäns gleich. Mit der lustigen Witwe schwelgen die Besucher in Formen und Farben.

„Und wo is' die Witwe?"
„Die Witwe ist doch nur ein Bild, ein Rahmen."
„Hab kein Bild von ihr geseh'n. Und wo is der Kapitän?"
„Ertrunken."
„Wie, ertrunken?"
„Nu, der Kapitän is' ertrunken."
„Und wieso is' die Witwe denn lustich?"
„Weil sie Flaschenpostgrüße von ihrem ertrunkenen Kapitän erhalten hat." „Ich glaub nich, dasser ertrunken ist. Sonst wär sie nich lustich. Und außerdem wär'n denn die Blum nich so bunt." Kinderlogik!

Den Garten der lustigen Kapitänswitwe kann nur verstehen, wer am Ende der Anlage das eiserne Buch der Liebe gelesen hat. Umhüllt von einer Stahlkonstruktion, auf wetterfesten Blättern, lesen wir Auszüge aus Kapitänsbriefen der Jahrhunderte:

„China im Frühsommer 1673
Meine Teuerste
Heute fanden wir die wohl blaueste Blume der Welt. Sie wird Delphina grandiflorum genannt werden. Ihren deutschen Namen Rittersporn trägt sie nach dem Sporn am Blütenboden."
Wir finden andere Sprüche über die verschiedensten Blumen aus früheren Dezennien. Waren Sie beim eisernen Buch der Liebe, haben Sie den Garten der lustigen Kapitänswitwe verstanden?

Kloock (2)

Hier unten am Wasser der Warnow stoßen Besucherströme aufeinander. Seilbahngäste, die bisher nur eine Halbtour gefahren sind, Ausstellungswanderer, die zu Fuß bis hierher vorgedrungen sind und die Schiffstouristen. Viele Besucher der IGA reisen nämlich mit dem Schiff zur IGA an. Dem Bus entstiegen, geht's auf eine der pendelnden Fähren, die die Besucher an den Ort des Geschehens bringen. Akribisch zählt einer der Seeleute die Drängelnden mit einem Zählgerät. 600 Gäste dürfen auf die Fähre zur kurzen Schiffsreise.

Die Fahrt geht an kreuzenden Segelschiffen vorbei, die Fähre zieht eine weiße aufschäumende Gischtspur hinter sich her.

Von hier aus können die IGA-Besucher auslaufende Linienfähren nach Skandinavien oder ins Baltikum beobachten. Der Lange Heinrich – ein großer historischer Schiffsladekran reckt sich grüßend herüber, an der gegenüber am Pier liegenden „Likedeeler" lädt eine überdimensionale riesige Sonnenblume zur IGA am Meer. Auch Njörd, der schwimmende Meeresgott verheißt mit großen Wasserfontänen Abenteuer und Sehenswürdiges. Dies wird ein toller Tag!

Die fröhlichen 600 drängen vom Schiff in Richtung IGA-Eingang. Noch in der Schlange werden die im Info-Punkt erworbenen Pläne ausgepackt und die im Tagesprogramm ausgewiesenen Veranstaltungen studiert. Heute stehen allein 24 Programmhöhepunkte an: Präsentation indischen Rattan-

handwerks, „Raumschiff Erde" im Infocenter Gartenbau, Countryabend, Kubanische Rhythmen, Meditativer Tanz, Duo FantaSie... Wie kann man das alles erleben? Die Kommentare dazu sind unterschiedlich. Sie reichen von:

„Steck weg dat Ding, wir latschen einfach hinter die annern her." bis zu:

„Geht mal da vorn rechts nei, wir baun uns erst mal 'n Dagesplan, damit wir möglichst viel schaffe, ni wahr?"

Kloock (2)

Einige der gerade Angereisten biegen sofort links ab, in den ersten kleinen Pavillon. Bloß nichts verpassen! Dieses kleine unscheinbare Häuschen bietet in der Tat eine besondere Attraktion – gut gefunden, Leute. Ein Meteorologe erklärt anhand von aktuellen Satellitenbildern (aha – deshalb die große Schüssel vorm Eingang) das Weltwetter und die Klimasituation der Erde. Auf der Leinwand kann man erkennen, weshalb unser Planet „Der blaue Planet" heißt. Jeder beliebige Punkt der Erde kann angesteuert werden, um die gegenwärtige Wettersituation zu erklären. Das geografische Wissen der Gäste wird leicht angetestet:

„Was ist das hier für eine Insel?"

„Hiddensee!"

„Fast richtig: Ist Kuba."

Von einem Satelliten aus können auch Bilder eines zweiten abgerufen werden. Spannend.

„Also ich hätte da so eine Menge Fragen."

„Wir müssen weiter Liebling, was wir noch alles sehen wollen."

„Schade. Aber herzlichen Dank ..."

„Das war mal ein netter Wetterfrosch. Und Ahnung hatte der. Versteh gar nicht, weshalb die bei der Vorhersage immer noch Fehler machen. Also der hier, der wüsste genau Bescheid. Ich lass mir mal seine Karte geben, dann kann man den immer mal anrufen ..."

Gärten, die schwimmen

Es ist schon eine recht komfortable Seebrücke, auf der man zu den Schwimmenden Gärten gelangt. Unter dem Laufseil der Seilbahn hindurch, links das Traditionsschiff, rechts der für die IGA angelegte Warnow-Strand, geht der IGA-Besucher in Richtung Warnow und Überseehafen auf die Schwimmenden Gärten zu. Vielleicht kreuzt eine der großen Fähren das Bild. Wellen schlagen von

unten gegen die massigen Stahlträger der Brücke, Gischt schäumt auf. Jawohl, dies ist die erste Weltausstellung IGA am Meer. Rostock macht's möglich. Von der Brücke aus bewundern die Gäste den Langen Heinrich als Schiffsladekran, ein Wahrzeichen der maritimen Geschichte dieser Stadt. Physikalische Kenntnisse werden ausgetauscht:

„Er trägt 100 Mp bei 15,75 m Ausladung und nur 20 Mp bei 27,15 m. Das steht da glatt falsch dran. Müsste er bei größerer Länge nicht auch mehr Last tragen. Kraft mal Masse.", sagt ein älterer Herr.

Ein jüngerer stimmt dem zu:

„Klar, der Hebelarm ist viel größer, logisch, dass der dann mehr schleppt."

Ein etwa 12-Jähriger verfolgt die Diskussion und mischt sich ein.

„Der würde wohl sonst umkippen, ist doch logisch, wenn der Arm länger ist, kippt der leichter über."

Sagt's, lässt die beiden älteren stehen und schlendert davon. PISA bestanden, Glückwunsch, kleiner Schlaukopf!

Kurz darauf finden keine Diskussionen mehr statt. Njörd, der hochgereckte nordgermanische Wind-, Meeres- und Feuergott zieht sie alle in seinen Bann. Von der Beschriftung erfahren die interessierten Besucher, dass Njörd als Fruchtbarkeitsgott auch die Ernte spendet und Schutzpatron der Seefahrer und Fischer ist. „Ihhhh, nass!" Die Wasserfontänen symbolisieren das Auftauchen aus dem Meer. Der und ein Feuergott. Würde doch glatt alles auslöschen ...

Hier, kurz hinter Njörd landen auch die munteren kleinen Rundfahrtschiffchen aus Warnemünde und Rostock an. IGA am Meer, wie toll, hier anzukommen. Von der Seebrücke hat man einen schönen und erhöhten Blick auf die Schwimmenden Gärten, für viele **die** Attraktion der IGA.

Symbiose aus Kunst und Gartenkultur – die Schwimmenden Gärten

Das gab es in Deutschland noch nie: Die Besucher der Internationalen Gartenbauausstellung, IGA 2003, konnten Gärten auf dem Wasser erleben. Drei Pontons mit einer Größe von insgesamt 4.000 Quadratmetern bildeten die „Schwimmenden Gärten" der grünen Weltausstellung am Meer.

Die „Schwimmenden Gärten" sind kein klassischer Gartenentwurf, sie sind eine Symbiose aus Kunst und Gartenarchitektur. Die Verbindung zwischen der klassischen Pflanzenverwendung und überdimensionalen Kunstwerken machen die Idee einzigartig. Erdacht hat dieses ausgefallene Ensemble der Wiener Architekt Johannes Kraus. Ungewöhnlich ist auch, dass die „Schwimmenden Gärten" nicht an Ort und Stelle gebaut wurden: Spezialisten aus Rostock und Umgebung schufen die Pontons, den Grundaufbau für die Kunstwerke und die grundlegende Bepflanzung auf einem ehemaligen Werftgelände einige Hundert Meter flussaufwärts. Wenige Wochen vor Beginn der IGA wurden die künstlichen Inseln dann an ihren endgültigen Bestimmungsort geschleppt und an der 128 Meter langen Pier vertäut.

Mit den „Schwimmenden Gärten" stellt der Architekt die Evolution nach. Die Karge Insel, die Grüne Insel, die Blüteninsel und die Pier entsprechen den vier Entwicklungsschritten.
Die Oberfläche der Kargen Insel wird von Wassersprudeln, Wasserstrahlen und einer Wasserfontäne belebt. Geysire durchbrechen explosionsartig die Oberfläche. Zusätzlich wird die Insel aus sprühenden, nebelnden und tropfenden Düsen benetzt – zu den terrassierten Gesteinsfeldern erhebt sich das Gelände zum Kunstwerk „Oranger Raum" mit dem Bild der Felsspalten und Schluchten. Das Innere dieses Raumes wird von farbintensiven Bildern bestimmt. Der „Orange Raum" ist 4,5 Meter hoch und erinnert an ein ausgespültes Flussbett.

Die Grüne Insel in Form einer Spirale steht für die nächste Entwicklungsstufe: Einfache Pflanzen zogen auf der Erde ein, doch bis zur Entstehung der Blütenpflanzen, wie wir sie heute kennen, wurde noch ein weiterer Schritt benötigt.

Den stellt die Blüteninsel dar. Auf der bunt und üppig bepflanzten Insel sind einzelne große Objekte wie zum Beispiel eine überdimensionale Callablüte ausgestellt. Die begehbaren Holz- und Stahlobjekte sind Vergrößerungen von Blüten und Samen. Samen und Pollen scheinen über der ganzen Insel zu schweben. Den vierten Schritt der Evolution symbolisiert die Pier. Hier bewegen sich die Besucher, hier ist die Mobilität offenbar, die mit den Menschen auf der Erde Einzug hielt. Die fünf Meter über der Wasseroberfläche ruhende Pier bot den Besuchern zudem einen guten Überblick über die „Schwimmenden Gärten".

Mit zu den „Schwimmenden Gärten" gehören der Schwimmkran „Langer Heinrich" mit dem weithin zu sehenden fünfzig Meter hohen Kranteil und Njörd, der Schutzgott der Fischer und Seefahrer. Für seinen mystischen Auftritt wurde eine nebelartige Wasserinszenierung entworfen. Die rund zehn Meter hohe Skulptur mit Seepferd taucht förmlich aus den Wellen der Warnow auf. Christian James

Schwimmende Gärten

Hauptattraktion für viele Besucher: die Schwimmenden Gärten

Die Blüteninsel

Die grüne Insel

Die karge Insel

In der Blüte einer Calla

Gigantischer Pollenflug

Die Lotusblüte

Mit den Stadtwerken auf Du und Du

Zurück von der schwimmenden Attraktion auf das IGA-Gelände, nimmt uns ein kleiner unscheinbarer Holzbau gefangen, der Energie-Treff. EnergieTreff auf der IGA, das hat sicher etwas mit den Grünen zu tun. Bestimmt eine Veranstaltung, die uns eher davon abhalten soll, Energie zu verbrauchen. Oder? Vielleicht auch nur ein Werbegag, um uns Strom- oder Gasverträge aufzuschwatzen. Wir werden eines Besseren belehrt.

Mit den Stadtwerken Rostock Energie tanken

Eine Weltausstellung braucht viele Väter. Vor allem solche wie die Stadtwerke Rostock AG oder die VNG, die sich von Anfang an zu dieser Großveranstaltung bekannten. Diese Weltausstellung am Meer ist keine Schau, der man einmal einen spendablen Scheck überreicht und - das war es dann gewesen! Bereits lange im Vorfeld engagierten sich die Stadtwerke als Premiumsponsor für die Internationale Gartenbauausstellung (IGA) 2003.

Mit ihrem „EnergieTreff" in der Nähe des Chinesischen Gartens und mit klug ausgewählten Veranstaltungen brachten sich die Stadtwerke Rostock vortrefflich ein.

Veranstaltungen zum Maifest, zum Mutter- und Kindertag, Talkrunden, unterschiedliche Ausstellungen, Buchpräsentationen, Kräuterberatungen, Kochvorführungen, Töpferarbeiten, Frisurenberatungen, Musik, Floristikaktionen, Porträtzeichnen machten den „EnergieTreff" von Anbeginn zu einem wirklichen Treffpunkt für viele treue Kunden wie auch für Touristen aus Nah und Fern.

Zum absoluten Höhepunkt im Mai wurde neben Konzerten begabter Musikschüler von der Rostocker Hochschule für Musik und Theater die von den Stadtwerken präsentierte zweiwöchige große Azaleen- und Rhododendron-Blumenschau in der Messehalle. Unter dem Motto „Blumen – Menschen - Energie" war sie ein Fest für die Augen und für die Sinne, bei der die Besucher wertvolle Ratschläge zur Pflege dieser bezaubernden Pflanzen erhielten.

Anfang Juni gab es den erfolgreichen Rekordversuch mit der „Blinden Barfußraupe", an dem sich mehr als 250 Schülerinnen und Schüler beteiligt hatten, ein vom Norddeutschen Fernsehen übertragenes Spektakel. Mit verbundenen Augen, sozusagen „blind", mit den Armen auf den Schultern des Vordermannes, überwanden die Kinder eine Strecke von 100 Metern mit unterschiedlichsten Bodenverhältnissen, ohne sich los-

zulassen. Bleibt zu wünschen, dass dieser Weltrekordversuch Eingang ins Guinness-Buch der Rekorde findet.

Kinder vom Sanitzer „Verein auf der Tenne" führten im Juni ein bezauberndes Musical auf. Floristen luden zum Selberbinden eines herrlichen Blumenstraußes ein.

Die Azubi-Woche zeigte die vielfältigen Ausbildungsmöglichkeiten bei den Stadtwerken.

Im Juli und August ließ sich so mancher Besucher von einer jungen Künstlerin sein ureigenes Porträt zum Mitnehmen anfertigen, Kinder malten nicht nur im Zeichenzirkel mit Gerhard Weber, sie lernten auch die unterschiedlichen Eindrücke von den Nationengärten auf sich wirken zu lassen und diese künstlerisch wiederzugeben.

Dass die Tage des Erdgasautos so gut besucht waren, ist bei den derzeit hohen Kraftstoffpreisen mehr als verständlich. Letztlich war auch ein toller Preis zu gewinnen: ein Erdgas-VW Golf!

Das Erntefest lud Ende September an vier Tagen mit abwechslungsreichen Programmen ein.

Wer auf der IGA war, wird festgestellt haben, wieviel diese gewaltige Ausstellung mit Energie zu tun hatte. Ein Tag des Schauens, Bewunderns und Erlebens im Grünen erforderte nicht wenig Energie und bequeme Schuhe. Die Besucher verweilten länger als eigentlich gewollt im EnergieTreff der Stadtwerke Rostock AG, saßen auf einladenden Schatten- oder Sonnenplätzen und tankten die Seele auf.

Der Park im Park

Auf keiner IGA fehlt sie, die Anlage der Friedhofsgärtner. Hier beweisen die Besten ihres Faches, dass nicht ein Friedhof wie der andere und auch nicht eine Grabstelle wie die andere aussehen muss. Die Menschen, die diesen Ausstellungsteil der IGA betreten, nähern sich den Grabstellen gemessenen Schrittes. Dabei sind es eigentlich ja gar keine Grabstellen. Es sind Mustergräber, es ist ein Friedhof, der eigentlich gar keiner ist. Durch die typischen Gewächse und durch die Erhabenheit der Anlage unter den hohen Laubbäumen hat dieser Ort jedoch etwas Weihevolles, etwas Festliches. Keine „Grabstelle" ist wie die andere. Die Bepflanzungen sind außergewöhnlich, mutig wird durch die Gartenarchitekten mit bunten Farben gearbeitet. Mit Plastiken und ungewöhnlichen Formen wollen die Meister der Steine und des Holzes dem Charakter der Verstorbenen gerecht werden. Die Vielfalt reicht vom Grabstein in flacher, diskusähnlicher Erscheinung bis zum stahlverzinkten Jesus am Kreuz. Schwingende Metallkonstruktionen, unbearbeitete Steine, eingelegte Glasteile, erhabene und versenkte Schriften, monumentale Plastiken ...

Die gepflegten Wege schlängeln sich an unterschiedlichsten Handschriften der Graveure und Modellierer vorbei. Es ist still und kühl. Vögel zwitschern. Die Sprüche auf den Steinen regen zum Nachdenken an und verleihen dem Ort Besonderheit: „Und meine Seele spannte weit ihre Flügel aus. Flog durch die stillen Lande, als flöge sie nach Haus."
„Weil wir auch das sind, was wir verloren haben."
„Das Leben währt ewiglich, und Liebe ist unsterblich. Der Tod ist nur ein Horizont."
„Ich leb in Euch und geh durch Eure Träume."

Ein Steinmetzgeselle führt vor, wie ein Stein geschlagen wird. Auf einer nahen Wiese inmitten der Anlage sitzt eine fröhliche Rentnergruppe, Eis leckend. Eine entkrampfte, angenehme und fröhliche Atmosphäre. Dies ist eben auch kein Friedhof.

Wettbewerb „Grabbepflanzung und Grabmal"

Für viele Rostocker hörte sich das mehr als merkwürdig an: Auf der IGA, so die Gerüchte, sollte es auch Gräber geben. Neugierig stürmten die ersten Besucher den Bereich „Grabbepflanzung und Grabmal" an der Warnow – und kamen begeistert zurück. „So tolle Gräber habe ich noch nie gesehen" oder „das müsst ihr euch anschauen" waren die Kommentare von vielen Besuchern zu den 89 Gräbern. Der gärtnerische Wettbewerb „Grabbepflanzung und Grabmal" gehört traditionell zu den Gartenschauen, schließlich ist der Beruf des „Friedhofsgärtners" einer von sieben anerkannten Lehrberufen im Gartenbau. Die Mustergräber auf der IGA sind als eine Art Modenschau dieses Berufsstandes zu verstehen. Hier zeigen Friedhofsgärtner und Steinmetze Trends und Tendenzen für die nächsten Jahre. In Rostock war schon nach der Frühlingsbepflanzung zu erkennen, dass in diesem Jahr zum einem grafische Lösungen für die Grabgestaltung sehr gefragt waren, zum anderen verwendeten viele Aussteller weiße Blumen. Bei der Sommer- und Herbstbepflanzung setzte sich dieser Trend fort. Wie es sich für eine Internationale Gartenbauausstellung gehört, war auch dieser Bereich mit Friedhofsgärtnern aus Österreich und der Schweiz international besetzt.

Besonders wichtig ist bei diesem sensiblen Thema die Information. Die Friedhofsgärtner investierten für die IGA in einen Pavillon, in dem die Besucher ständig Fachleute für die Information fanden. Als besonderen Service konnte man sich hier von seinem Wunschgrab ein farbiges Bild mit der kompletten Pflanzenliste ausdrucken lassen. Sehr gut gemachte Information gab es erstmals auf einer Gartenschau in Deutschland zum Thema „Symbolpflanzen". Auf zehn Beeten stellten die Friedhofsgärtner die wichtigsten Symbolpflanzen und ihre vielfältige Bedeutung in der christlichen Mythologie und im Volksglauben vor. So wurde der vermeintlich merkwürdige Bereich schnell zu einem der am meisten besuchten Teile der IGA – eine Erfahrung, die die Gärtner in den letzten Jahren auf allen Gartenschauen gemacht haben. Die Begeisterung der Besucher in Rostock gipfelte darin, dass einige anfragten, ob man sich denn hier nicht ein Grab kaufen könnte. Doch der Wettbewerb „Grabbepflanzung und Grabmal" ist kein richtiger Friedhof, die Mustergräber wurden nach dem 12. Oktober wieder entfernt. Bei den Rostockern wird die Erinnerung an die Gräber bleiben – und darüber hinaus bleibt das kleine schattige Wäldchen mit den Wegen im Halbrund und der schönen Rhododendron-Pflanzung direkt an der Warnow erhalten. Christiane James

Kloock

Von Kleingärtnern lernen

Wir nähern uns der Mustergartenanlage, die auf keiner Weltausstellung fehlen darf. So unter uns kann man ja auch gern mal zugeben, dass man vorher dachte, die ganze IGA wäre nur eine Mustergartenanlage. Aber das nur nebenbei. Unsere Laubenpieper haben vor IGA-Beginn schicke skandinavische Gartenholzhäuser erhalten. Mit ihrem gesponserten Handwerkszeug eines großen Ausstatters haben die Kleingärtner wirklich Mustergültiges geschaffen. Bunte Blumenbeete, schwere Beerensträucher, volle Obstbäume, üppiges Grün auf den Gemüsebeeten. So stellt man sich wohl einen richtigen Kleingarten vor. Dass wir auf einer Ausstellung sind, bemerkt man nur an den die Gärten überschwebenden Seilbahnen und den vielen Besuchern auf den Wegen.

Die Kleingärtner sind stolz auf ihre Geschichte, denn Rostock war durch sie schon vor der IGA schön grün, wie das sehr eindrucksvoll das Buch zur Geschichte der Rostocker Kleingärten „Blick über den Gartenzaun" belegt. Unter dem Strich passt die IGA auch deshalb so toll in diese Stadt.

Inzwischen hat sich Idylle in der IGA Kleingartenanlage breit gemacht:
Vor der Laube sitzend, werden Möhrchen und gelbe Bohnen geputzt, Vati - mit Bierchen in der Hand - hat den Grill angeworfen. Die Hand in die Hüfte gestützt, wird den Fragenden über den Zaun hinweg der beste Naturdünger erklärt und dass nach der IGA dann ja auch endlich Ruhe einziehen wird. Da die Wurst noch auf dem Grill brutzelt, ist etwas Zeit, die Gedanken fliegen zu lassen ...

Kloock (2)

Der Verband der Gartenfreunde Rostock e.V. – bei der IGA in der ersten Reihe dabei

... Natürlich verstehen sich hier alle Kleingärtner als Botschafter der gesamten Kleingärtnerfamilie Deutschlands, aber vor allem unserer Stadt und da nimmt man schon einige Mühen in Kauf.

Und Mühe gab es reichlich als der Gedanke, die seit über 30 Jahren vorhandenen Einzelgärten in eine Kleingartenanlage umzugestalten, plötzlich real wurde.

Die Mitarbeit an der Neuordnung der Parzellen, Verhandlungen zu den neu zu errichtenden Lauben und die Sicherung von bisher liebevoll betreuten Pflanzen für die neue Parzelle nahmen viel Zeit in Anspruch. Zwischenzeitlich wurde auch der Verein Kleingartenanlage „Dorf Schmarl" e.V. gegründet und die Mitgliedschaft im Verband der Gartenfreunde e.V. Hansestadt Rostock vollzogen.

Damit standen zwei Partner der IGA Rostock 2003 GmbH gegenüber, die versuchten, die Interessen der Kleingärtner um- und durchzusetzen. Gemeinsam gelang es und da Kleingärtner sowieso nicht die Hände in den Schoß legen können, ist diese Idylle entstanden.

Es wurde gegraben, gepflanzt und gesät und das, was aufgegangen ist, gehegt und umsorgt. Heute sieht man nicht, dass die Umgestaltung erst im Mai 2002 begann. Liebevoll angelegte Parzellen geben einen Einblick in die Welt der kleinen Gärten.

Alte und neue Lauben wechseln einander ab. Die Gartengestaltung ist sehr individuell und das obwohl alle Kleingartenparzellen nach der Rahmengartenordnung der Rostocker Gartenfreunde geordnet wurden. Kleingewächshäuser prägen genauso das Bild, wie ein erstes Feuchtbiotop auf der Parzelle 4, auch wenn durch die fehlende Laube der Gesamteindruck etwas leidet. Die Parzellen 13 und 16 sind ebenfalls ohne Lauben, ein Umstand, der dem derzeitigen Seilbahnbetrieb geschuldet ist. Übrigens sehen die Gärten von oben richtig gut aus, und wer kann schon seine Kleingartenanlage aus der Vogelperspektive bewundern?

Täglich wird immer aufs Neue gefachsimpelt, denn viele der Besucher gehen dem gleichen Hobby nach. Insbesondere für Schulklassen wurden im Rahmen des IGA-Umweltprojektes „Grünes Klassenzimmer" auf den Parzellen 9 und 11 Angebote und Beispiele realisiert, die unseren Jüngsten anschaulich die Zusammenhänge in der Natur verdeutlichen. Kleingarten zum Anfassen sollte es sein, das war die Zielstellung, die erreicht wurde. Den Besuchern wird manch persönlicher Trick verraten, denn manche unterschätzen die tägliche Zeit, die es braucht, um, wie auf der Parzelle 14, ein Blütenmeer zu schaffen.

Viele Reisegruppen wurden bisher begrüßt. Es war der schönste Lohn, wenn z.B. die Kleingärtner vom Kleingärtnerverein SW 83 e.V. aus München, selbst 1983 IGA-Verein, sich anerkennend über das Geschaffene äußerten.

Auch die Vogelkästen, die die Gartenfreunde vom Landesverband Rheinland der Kleingärtner e.V. verschenkten, haben längst ihren festen Platz in der Gartenanlage gefunden. Viele weitere Besucher wären zu nennen, doch hervorzuheben sind die Gäste zum Europäischen Tag des Gartens aus Frankreich, Luxemburg, Dänemark und Österreich. Sie haben sich bei ihrem Rundgang die Gärten und Lauben angesehen und waren sichtlich beeindruckt ...

Michael Kretzschmar

Die weka Holzbau GmbH auf der IGA in Rostock

Für die weka Holzbau GmbH war die Internationale Gartenbauausstellung in Rostock IGA 2003 eine vorzügliche Gelegenheit, Professionalität, handwerkliche Meisterschaft und eine breite Produktpalette zu präsentieren.

Die Holzhäuser und Pavillons von weka konzentrierten mittels ihrer Funktionalität und warmen Ausstrahlung auf der IGA einen erheblichen Besucheransturm auf die beherbergten Attraktionen.

Gerade die Verwendung des nachwachsenden Naturstoffes Holz prägte die sympathische Ausstrahlung

der Gebäude. Die Holzhäuser von weka und der Blumen- und Pflanzenreichtum der IGA verschmolzen zu einer angenehmen Synthese.

Die Kleingartenanlage „Dorf Schmarl" wurde mit zehn Weekend-Blockbohlenhäusern von weka (Typ „Brilon", je 24 m² Grundfläche) ausgestattet. Darüber hinaus kamen als Pavillons für die Rostocker Stadtwerke Sonderanfertigungen zum Einsatz, die speziell auf die Bedürfnisse der IGA ausgerichtet waren. Jeder der vier Pavillons war 4 x 8 m groß.

weka projektierte und errichtete 18 Verkaufspavillons in der Größe von 3 x 9 m und zwei Verkaufspavillons von 3 x 6 m, die in unmittelbarer Nähe der Nationengärten zur Darstellung und zum Verkauf landesspezifischer Produkte dienten.

Gerade die Weekend-Blockbohlenhäuser „Brilon" konzentrierten die Blicke vieler Interessenten auf

sich – die Kleingärtner als Inhaber beantworteten geduldig Fragen zur vorzüglichen Qualität von weka-Produkten. Uns freut, dass die vorhandene Kleingartenanlage mit weka-Häusern bestehen bleibt und so auch in Zukunft zur Erholung und Freude der Gartenbesitzer beiträgt.

Der Deutsche Pavillon auf der IGA mit seinem Konzept der Nutzung nachwachsender Rohstoffe gab uns Recht – weka Holzhäusern gehört die Zukunft!

Weekend-Blockbohlenhaus Typ „Brilon"

weka ist ein mittelständisches Unternehmen der Do-it-yourself-Branche mit Firmensitz, eigener Produktion und Logistikzentrum in Neubrandenburg, Mecklenburg/Vorpommern.

Ca. 160 Mitarbeiter, davon 9 Auszubildende, entwickeln und produzieren Blockbohlenhäuser, Holzgerätehäuser, Gewächshäuser, Gartenlauben und Pavillons, Carports

und Terrassen-Überdachungen. weka schafft Lösungen für den gesundheitsbewussten Nutzer im eigenen Heim mit Saunen, Saunahäusern und AktiVit-Infrarot-Wärmekabinen.

Vertrieb über den Versandhandel, Baumärkte, Fachgeschäfte und Gartencenter.

... Die Bratwurst ist fertig und damit beginnt jetzt der ganz normale Abschluss eines Gartentages wie in vielen Kleingärten unseres Landes. Vielleicht nicht ganz normal, denn wo ist man schon selbst Ausstellungsstück?!

Wir setzen den Weg über die Ausstellung fort und verlassen die Kleingartenanlage in Richtung der Nationengärten. Noch schnell wird ein Blick in den Informationspavillon des Bundesverbandes Deutscher Gartenfreunde geworfen. Er steht unmittelbar neben der Kleingartenanlage und hier wird viel Informatives in wechselnden Ausstellungen der Landesverbände der Kleingärtner vermittelt.

Die IGA – ein großer Garten der Nationen

Weitergehend, am Siedlerbund vorbei, befindet sich linkerhand entlang des Seezeichenweges die Ladenstraße der Nationen.

Der Gang an den Verkaufspavillons der Nationen vorbei gleicht einem Rundgang durch die Kulturen. Ein buntes Angebot, präsentiert von Abgesandten ihrer Heimatländer, kündet vom Thema der Exposition. Jawohl, wir sind auf einer Weltausstellung! Jadeschmuck und Emaille aus China, Ebenholz und Silber aus Mauretanien, Onyx aus Pakistan, Keramikgeschirr aus Bulgarien, Atztekenschmuck aus Mexiko, Seidentücher und Wolle aus Indien, Flöten und Hüte aus Bolivien, ungarisches Rosenöl, tunesische Wüstenrosen und Wasserpfeifen, Basttaschen aus Indonesien, Mützen aus Nepal, geschnitzte Figuren aus Kenia ..., ein Jahrmarkt exotischer Einkaufsschnäppchen. Nach kurzem

Rundgang durch die Geschäfte Präsente für die ganze Familie, als wäre man in der Ferne gewesen: „Haben wir das in Bolivien oder in Indien gekauft, Otto?..."

„Weiß auch nich, aber es war jedenfalls noch vor Kenia und gleich hinter Mexiko!"

Kurz bevor wir zum Deutschen Pavillon einbiegen, eine weitere Attraktion. Einer unserer Lieblingsorte auf der IGA. Ein Schwabe aus Stuttgart präsentiert den geduldigen Schlangestehern leckere Flammkuchen aus seiner Heimat. Fast exotisch. Aber lecker. „Zwiebeln mit Speck", „Kartoffeln mit Speck", „Zwiebeln mit Käse" und „Kartoffeln mit Käse" sind die Geschmacksrichtungen. Preis und Leistung stimmen, ein feiner IGA-Auftritt, Glückwunsch, Schwabe!

Wir schlendern auf den Deutschen Pavillon zu.

Bunter Basar IGA

Ein eigenartiges Gebilde. Aus Holz, na schön. Sieht ein bisschen aus wie ein Märchenhügel. Gärten der Vielfalt, der nachwachsenden Rohstoffe, der Nützlinge und der heimischen Hölzer umrahmen den Pavillon.

Kinder einer vierten Klasse lernen im Vorbeigehen, sie klopfen mit Scheiten an Holzstämme und lernen ein wenig über verschiedene Baumarten. Gemeinsam mit ihnen klettern wir auf das Dach des Holzbaus. Von hier aus orientieren wir uns. Bei den Kränen, das ist die City, bei den Flutlichtmasten verliert Hansa immer, das ist die Blumenhalle, da hinten Groß Klein und Schmarl und ganz vorne Warnemünde. Aha!

„Bevor wir hineingehen in den Pavillon möchte ich euch einiges über heimische Rohstoffe erklären. Schaut hier, Kinder, das ist Mais, das sind Sonnenblumen, das ist Knöterich, das ist Rizinus und das ist Hanf. Kann mir einer erklären, wozu man diese Pflanzen benötigt? Peter?"

„Mais ist gut für Maiskolben, die werden dadraus gemacht und Sonnenblumen sind für Schatten im Garten, ham wir auch und Knöterich, macht man Knoten draus, mit. Rizinus is' gegen flotten Otto und Hanf hat meine große Schwester auf'm Fensterbrett. Sie hat gesacht, davon will sie 'ne Tasche häkeln." Uups!

Kloock (2)

Ein Meer nachwachsender Rohstoffe

Der Deutsche Pavillon

Mal ehrlich: Alles Mögliche wäre Ihnen zu Reichskanzler und Lambada eingefallen. Aber dass es auch Kartoffelsorten sind? Es sei denn, Sie waren bei der Kartoffelverkostung Anfang August dabei.

Dies und vieles andere über nachwachsende Rohstoffe war thematischer Schwerpunkt im Deutschen Pavillon auf der IGA. Erstmalig beteiligte sich in Rostock die Bundesrepublik Deutschland mit einem eigenen Beitrag an einer Gartenbauausstellung in unserem Land. Der erste Spatenstich durch Bundesministerin Renate Künast erfolgte am 24. August 2002. Und schon zur Halbzeit der grünen Weltausstellung am Meer konnte Staatssekretär Gerald Thalheim eine dreiviertel Million Besucher im Deutschen Pavillon bilanzieren. Am Ende waren es drei von vier Besuchern, die wissen wollten, was alles mit Färberkamille, Fasernessel oder Flachs angestellt wurde und wird.

Der Pavillon bildet zusammen mit seinen Außenanlagen die deutsche Kulturlandschaft nach: lang gestreckte Themengärten, die von der Freifläche gleitend in den Innenraum übergehen, von der Forschung zur Praxis, von nachwachsenden Rohstoffen zu modernen Produkten. Unter dem Motto „Biovision - Zukunft mit Pflanzen" geben diese Themengärten Einblicke in unterschiedliche Aspekte der Nachhaltigkeit und ihre positiven Auswirkungen auf Natur und Mensch. Die einzelnen Themen der Gärten werden im Inneren des Pavillons durch die Ausstellung wieder aufgegriffen. Der Besucher ist nicht nur Betrachter - er ist auch eingeladen, anzufassen, zu hören, zu fühlen und vor allem auszuprobieren.

Der außergewöhnliche Bau aus Holzscheiben war ohne Zweifel eines der Highlights auf der Rostocker Weltausstellung. Sieben Scheiben, wellenförmig geschnitten, tragen das Gebäude, das schon zur nächsten Bundesgartenschau 2005 in München erneut aufgebaut und viele Besucher anlocken wird. Das zentrale Thema des Pavillons ist Nachhaltigkeit. In Zusammenarbeit mit Experten aus den Bundesforschungsanstalten, wissenschaftlichen Instituten und der Wirtschaft ist auf rund 1.200 Quadratmetern Ausstellungsfläche und weiteren 10.000 Quadratmetern Außenfläche eine Erlebnisausstellung für das

Brettmann

breite Publikum entstanden. Tägliche Führungen, Workshops für Auszubildende und Schüler, Vorträge, Themenwochen, Ausstellungen, „Weinlesungen" waren nur einige Aspekte des umfangreichen Veranstaltungsprogramms. Hochrangigen Gästen – von ausländischen Botschaftern und Ministern bis hin zu Bundespräsident Johannes Rau – konnten die IGA-Besucher beim Deutschen Pavillon begegnen.

Und auch, wer bei der eingangs erwähnten Verkostung der „Tüften", wie der Erdapfel auf Plattdeutsch heißt, nicht dabei war – eine Einkaufstüte aus Kartoffelstärke hat bestimmt fast jeder IGA-Besucher aus dem Deutschen Pavillon mit nach Hause genommen. *Lothar Brunsch*

Kloock (3)

Medaillen für landschaftsgärtnerische Arbeiten

Wir waren von Anfang an dabei: Garten- und Landschaftsbau Helmut Schingen

„Im weiteren Verlauf des Jahres 2002 stellte sich die Witterung als sehr ungünstig für Arbeiten in den Freianlagen heraus. Außergewöhnlich hohe Niederschläge von kurzzeitig bis zu 50 Litern/ Stunde ließen den Boden nicht abtrocknen, hinzu kam eine frühe, schon Anfang Dezember einsetzende und bis weit in das Jahr 2003 hinein anhaltende Frostperiode ..."
(Aus dem Bericht der Bewertungskommission zum landschaftsgärtnerischen Bauwettbewerb)

Millionen Menschen erfreuten sich an der IGA in Rostock.
Trotz schwierigster äußerer Bedingungen im Vorfeld schufen wir Landschaftsgärtner die Voraussetzungen für viele Highlights. Die Firma Schingen war an etlichen Projekten von Beginn an beteiligt. Dazu gehörte die Renaturierung der Kleinen Warnow genauso wie der Endausbau von Nationengärten, das Umfeld des Weidendoms oder der beliebte Abenteuerspielplatz (Pflaster, Rollrasen, Pflanzarbeiten).
Ganz besondere Anforderungen an unser Unternehmen stellten der herrliche Rhododendronhain oder die Freianlage des Deutschen Pavillons. Grundthema in den Freianlagen war die nachhaltige Naturnutzung, auch durch nachwachsende Rohstoffe. Von den Pavillonscheiben ausgehend, zogen sich die Ausstellungsthemen über Weidenflechthochbeete ins Freiland. Die streng linear ausgerichtete Feldgliederung wurde durch einen elliptischen Rundweg durchbrochen, der sich durch eine ockerfarbene Wegedecke ganzheitlich von kreuzenden Platz- und Wegedecken in Brauntönen abhob.

Balsam für die strapazierten Füße der Besucher waren die großen Rasenflächen, z.B. unterhalb der Nationengärten. Wie sagte doch eine Besucherin, nachdem sie sich der dampfenden Schuhe und Strümpfe entledigt hatte: „Wie unser Teppich zu Hause". – Immerhin ca. 27.000 Quadratmeter Rollrasen lieferte die Firma Schingen an die IGA!
Verdiente Anerkennung für die 25 Mitarbeiter und sechs Auszubildenden um Inhaber Helmut Schingen waren 5 Gold- und drei Silbermedaillen im landschaftsgärtnerischen Bauwettbewerb der IGA. Hinzu kamen Sonderpreise, wie der im September 2003 verliehene BGL-Preis (BGL=Bundesverband Garten-, Landschafts- und Sportplatzbau) für die fachliche Umsetzung des Gesamtkonzeptes. Im Pflegewettbewerb erhielt die Firma drei Gold- und zwei Silbermedaillen sowie den Sonderpreis der Hansestadt Rostock auf dem 5. BGL-Verbandskongress.

Im August 1990 wurde das Unternehmen Garten- und Landschaftsbau Helmut Schingen mit zunächst drei Mitarbeitern gegründet. Mit Qualitätssignum seit 1994 als Fachbetrieb anerkannt, erhöhte sich die Mitarbeiterzahl seit 1994/95 auf 25 sowie durchschnittlich sechs Auszubildende. Gut ausgebildete Mitarbeiter sowie ein Bestand an hochwertigen Maschinen und Werkzeugen sind die Gewähr dafür, dass das gesamte Spektrum an möglichen Leistungen im Garten- und Landschaftsbau angeboten werden kann. Inzwischen produziert die Firma z.B. auf ca. 26 ha qualitativ hochwertigen Fertigrasen.
Der Inhaber Helmut Schingen ist seit 1996 Vorsitzender des Fachverbandes Garten-, Landschafts- und Sportplatzbau Mecklenburg-Vorpommern.

Garten- und Landschaftsbau Helmut Schingen
Zur Kösterbeck 22 · 18196 Petschow · Tel. (03 82 04) 120 42 · Fax (03 82 04) 120 43

Die Nationengärten bezeichnen viele Besucher als das Herz der Weltausstellung. Ist doch schön, dass dieses Herz so international geschlagen hat. In Rostock.

Wie skeptisch waren Kritiker der IGA, ob es gelänge, andere Nationen zu begeistern: „Wer wird nach Rostock in den kühlen Norden kommen?"

„Rostock – *der* Tor der Welt lädt ein!"

Der Gang durch die Nationengärten ist eine eigene Tagesreise und gibt den Machern Recht! Jawohl, dies war eine pralle Weltausstellung!

In wenigen Stunden rund um die Welt

„Auf der IGA können Sie an einem Tag eine Weltreise unternehmen", lautete eine der Botschaften an die IGA-Besucher. Und in der Tat: Wo sonst, wenn nicht auf der grünen Weltausstellung am Meer war es möglich, innerhalb weniger Stunden original zubereiteten arabischen Kaffee zu trinken, ungarisches Gulasch zu essen, spanische Tapas, bulgarischen Wein, Momos aus Nepal und, und, und zu kosten?

22 ausländische Nationen hatten einen eigenen Garten aufgebaut, Aussteller aus zahlreichen anderen Ländern beteiligten sich an den Schauen in der Internationalen Blumenhalle. Viele exotische Pflanzen und Details gab es zu bewundern – von Dattelpalmen aus den Vereinigten Arabischen Emiraten über Rosen aus Tansania und Proteen aus Südafrika bis zu Kakteen aus Südamerika. Es gab Informationen über Land und Leute. Typische Landschaften oder Gebäude wurden den Besuchern vor Augen geführt. Die Vorzüge der jeweiligen Strände, klimatischen Bedingungen, Altertümer und sonstigen Sehenswürdigkeiten gepriesen. Wer wollte, konnte sich zudem auf dem Internationalen Basar bis unters Dach mit Souvenirs und Accessoires aus vielen Ländern eindecken oder als Mitbringsel für Verwandte, Bekannte und Freunde mit nach Hause nehmen.

Und viel fremdländische Kultur wurde den Besuchern geboten. Männer aus Griechenland tanzten in Röcken. Löwen und Drachen aus China kämpften um die Aufmerksamkeit der begeisterten Zuschauer. Die IGA in Rostock war nicht nur an den Nationentagen ein internationales Folklore-Festival par excellence. Traditionelles Handwerk wurde vorgeführt, wie Töpfern, Weben, Schnitzen oder Tuschezeichnen. Und fast immer lag die Musik ferner Länder in der Luft oder der Duft von Räucherstäbchen, Weihrauch und Sandelholz.

Auch für die ausländischen Teilnehmer dürfte die IGA samt Vorbereitungen unvergesslich bleiben. Wie hatten die indonesischen Bauarbeiter im eisigen Frühjahr trotz Pelzmützen und dicker Fäustlinge gefroren! Dass man bei solchen Temperaturen überhaupt arbeiten kann, war für sie eine völlig neue Erfahrung. Und die Bauarbeiter aus der Volksrepublik China staunten nicht schlecht, wie beliebt der Baustoff Bambus in Deutschland auch als Restmenge ist.

Wer einen nachträglichen Eindruck von der Vielfalt der Nationengärten auf der IGA bekommen möchte, kann dies bei einem Trip nach Rostock immer noch tun. Denn die Gärten der Volksrepublik China und Japans bleiben erhalten. Sie wurden der Hansestadt geschenkt und sind auch heute eine Attraktion für die Rostocker und ihre Gäste.

Lothar Brunsch

Mauretanien

Vereinigte Arabische Emirate

Kenia

Ungarn, Volksrepublik China, Bolivien, Luxemburg

Indonesien

Lettland

Tunesien

Spanien

Spanien

Volksrepublik China

Japan

Nepal

Volksrepublik China

Volksrepublik China

Mauretanien

Indonesien

Indonesien

Vereinigte Arabische Emirate

Kloock (5)

Bei den Tieren auf der Blumenschau

Wir schlendern der mecklenburgischen Tierwiese entgegen. Uns klingt noch die rhythmische Musik des keniatischen Einkaufsstandes nach. Eine eigenwillige Mischung.
Der Rostocker Zoo hat sich für diese Tierwiese engagiert und sie eingerichtet. Gute Arbeit - das Areal ist ein Besuchermagnet.

Hier begegnet uns der Zoodirektor Udo Nagel vor der IGA-Tierfarm. Er erzählt, weshalb er sich als Vereinsvorsitzender für die IGA engagiert hat, wie eigentlich die Idee geboren wurde. Der Direktor des Rostocker Zoos überzeugt sich gerade davon, dass es Esel & Co., die ja nur für die Zeit der IGA vom Zoo ausgeliehen waren, gut geht. Die Eseldame bestätigt dies durch ein langgezogenes „Ihja".

Als Vorsitzendem des Fördervereins der IGA – ehrenamtlich, versteht sich – lag ihm ohnehin diese internationale Großveranstaltung besonders am Herzen. Er brachte die Bewerbung für die BUGA, aus der dann eine IGA-Bewerbung wurde, mit auf den Weg. Wie von ihm zu erfahren ist, wurde der Förderverein 1996 gegründet. Das Gebot der Stunde hieß „Lobbyarbeit" oder „Klinkenputzen", um die noch mehr als wackelige Rostocker IGA ins richtige Fahrwasser zu manövrieren. Als die Chance auf die erste IGA am Wasser plötzlich zum Greifen nahe war, blieben lediglich drei Monate Zeit, um alle Anträge einzureichen.

77 Mitglieder zählte der Verein inzwischen, wichtige Unternehmen und Einrichtungen der Stadt – der Rostocker Unternehmerverband z.B. war sofort unterstützend dabei – machten die IGA zu ihrer eigenen Angelegenheit. Udo Nagel lässt einige wenige, vom Verein maßgeblich initiierte Aktionen, Revue passieren:
1997 Landschaftsgestalterischer Ideenwettbewerb
1998 Sympathiewerbung auf der Umwelt- und Ostseemesse
März 2000 Pflanzung der ersten sieben Bäume....
Dazu Zeitungs- und Broschürenprojekte, die Betreuung von Info-Point und später Info-Pavillon auf dem Neuen Markt durch Mitglieder. Zahlreiche Rostocker Firmen – wer hätte die für die IGA werbend durch Rostock fahrenden Straßenbahnen übersehen – erbrachten kostenlos Leistungen. Wenn Udo Nagel „Kassensturz" macht, stehen außerdem ca. 300.000 € zu Buche, die durch den Verein zusammengetragen wurden. Nochmals ca. 400.000 € dürften sich durch Arbeitsleistungen, Stundenaufwand etc. der Mitglieder errechnen lassen. – Beachtlich!

Nicht nur, dass mit der IGA wahrscheinlich die schönste Gartenbauausstellung der letzten 10 Jahre entstanden sein dürfte – für Mecklenburg-Vorpommern bezeichnet Udo Nagel dies als das „wichtigste Ereignis nach der Wende". Fast gehen dabei die schönen „Nebeneffekte" unter: Eine ehemalige Müllhalde wurde renaturiert, das Traditionsschiff rekonstruiert, Rostock erhielt wohl einen der modernsten Hauptbahnhöfe Deutschlands...

Schlüssel zum Erfolg war das gemeinsame Zusammenstehen vieler, ganz unterschiedlicher Partner für diese Großveranstaltung – über Parteien- und sonstige Grenzziehungen hinweg. Das lässt hoffen für Rostock und andere, zukünftige Großveranstaltungen. Denn natürlich wünscht sich Udo Nagel, so wie viele andere Rostocker auch, dass z.B. das IGA-Gelände einer sinnvollen Nachnutzung zugeführt wird.

Wie die IGA entstand

Spatenstich zur IGA am 22.3.2000

Ecke Warnowallee – Groß Kleiner Damm – hier steht
heute die Messehalle, 9.3.1997

Das IGA-Gelände, eine Brache, 5.12.2000

Kloock (5)

Das erste Bauschild, 8.3.2001

Auf geht's, 16.11.2000

Katastrophenübung – zum Glück
wurde es nicht ernst

Heute nicht mehr zu sehen, 23.9.2000

Die ersten Bündel für den Weidendom, 8.3.2001

Die Eröffnung der IGA – es geht los

Am Bienenwanderwagen erfahren wir, wie Honig entsteht und Achtung vor den fleißigen Honigbienen. Hier wurde auch das fröhliche Mecklenburgische Bienenfliegen durchgeführt. Wie das ging? Nun, ganz einfach. Fleißige Honigbienen wurden bei Ihrer Einkehr in den Bienenschlag mit einem leichten Farbpünktchen auf dem Rücken markiert und in Holzschächtelchen 500 Meter in die Ferne entführt. Ein Startkommando gab den Flug frei. Am Eingang zum Bienenkorb wurde der Gewinner ermittelt. Es soll niemand gestochen worden sein!

Gleich hinter dem Bienenstand wedeln uns drei kleine vietnamesische Hängebauchschweinchen mit ihren Ringelschwänzchen entgegen. Mecklenburgische Tierwiese. Aha! Vietnam, gleich links von Mecklenburg.

Die Begeisterung der Besucher steigt auf den Siedepunkt.

„Die schubbern sich."

„Sind die süß!"

„Oh, wie nüdlüch!"

„So eins will ich auch."

„Hallo Hängebauchschwein, du kommst ja drollig!"

„Paul, ob die auch Bier trinken?"

Die drei mecklenburgisch-vietnamesischen Schweinchen vernehmen trotz steil aufrecht stehender Öhrchen davon nichts. Sie wühlen im Schlamm. Ihre mopsartigen Gesichter schmeißen scharfe Falten, sie sind von Natur aus schwarz. Schwarze Schweine!

Die Besucher am Zaun ahmen die Geräusche nach. Vor dem Gehege grunzt, quietscht und schmatzt es lauter als drinnen. Gut, dass niemand den Geruch der drei nachmacht... Schweinchen eins bis drei suchen sich ein schattiges Plätzchen. Laaangweilig, die Glotzer!

Wir schlendern weiter, auf die gegenüberliegende Seite, zu den „Mecklenburger Schecken".
„Ganz allerliebst, guck mal, die kratzen sich." (Offensichtlich ein Verhaltensforscher, er registriert schubbern und kratzen.)
 „Och, so eins will ich auch." (Was der noch alles haben will!)
„Nein, was sind die süß!" (Mein Gott, die findet alles süß!)
Unser Nachbar hängt sich zum Streicheln über den Zaun, fast, dass er in das Gehege fällt. Und das alles für einen Streichelstrich über zwei schlaffe Karnickelohren. Das jedoch schafft er nicht, er hatte gegenüber eines der schwarzen Stinke-Schweinchen berührt. Die Karnickelchen müffeln mit den Stupsnasen und drehen ihm aus der Ferne die Seite mit dem Murmelauswurf zu. Kann er ja auch noch anfassen. Dann spricht auch seine Frau nicht mehr mit ihm und dreht sich auch noch um.

Lernen auf der IGA

Wieder dem Eingang entgegen, in der langen Ostkurve um die Gartenbühnen der Wasserbewegung herum, führt ein langer Pfad um einen der anderen wiedervernässten Bereiche. Die Umweltschützer freuen sich besonders über diesen IGA-Bestandteil. Nicht von ungefähr steht hier auch das Umweltmobil, sind mehrere so genannte „grüne Klassenzimmer" eingerichtet, die rege genutzt werden. Alles über Wasser, Lärm und Luft hier in der Natur – das ist etwas ganz anderes, als im stickigen Klassenzimmer.

Auf den Schwimmenden Gärten der Wasserbewegung werden Momentaufnahmen bewegten Wassers inszeniert: „konzentrische Ringe, Fließ- und chaotische Bewegungen, Wassertheater." Kleine Details machen die IGA perfekt – Krötenleitpfade längs der nahen Schnellstraße zeigen, was mit Umweltschutz gemeint ist. Großes Lob dafür!

Auf dem Naturpfad wird das Wachsen der Bäume erläutert, Verwachsungen, Harzentnahmen und Astgabelungen als Stressfaktoren für Pflanzen werden definiert.

„Lies das mal, Dieter, das ist wie bei dir. Hast du Stress, geht es dir nicht gut. Wusstest du, dass das Pflanzen genau so geht?"
„Wusste ich nich, aber jetzt weiß ich, weshalb unsere Zimmerpflanzen zu Hause so aussehn: Weil du immer Stress machst."
„Stimmt ja gar nicht."
„Stimmt doch."
„Nein!"
„Doch! Du machst schon wieder Stress, ich fang gleich an zu humpeln."

Haben Sie das Schild gelesen, auf dem stand, dass, ein 70-jähriger Buchenwald mit 70 Bäumen je Hektar eine Positivsumme von 14.595 Euro erwirtschaftet, die uns in Form von Holz, Sauerstoff und Staubabsorption zugute kommt?

Vieles lernen die Kinder und Jugendlichen, die – so scheint es jedenfalls – auf der IGA ganz Ohr sind. Sie erfahren Neues über Natur und Umweltschutz, über Flora und Fauna. Nicht der Zeigefinger muss gehoben werden, es reicht, auf dem Lehrpfad das eine oder andere zu zeigen.
Sachkundeunterricht, Biologie und Chemie, Erd- und Heimatkunde, Religion – die IGA ist für alles gut.
Pfiffige Lehrer ziehen Verbindungen von der großen Welt zum näheren Umfeld. Und noch pfiffigere geben gleich Ausflugstipps zu den Außenstellen der IGA:
„Könnt ihr ja mal mit euren Eltern hinfahren!"

Die IGA im Ganzen und für das ganze Land

Wie wird aus einer Gartenschau, die traditionell an nur eine Stadt vergeben wird, ein Ereignis, von dem eine ganze Region, ein ganzes Land profitieren? Diese Frage stellten sich die Macher der IGA gleich zu Anfang. Gartenschauen sind neben der Olympiade der Gärtner, der Leistungsschau des Gartenbaus, zuallererst touristische Anziehungspunkte. Für die Entwicklung der Tourismuswirtschaft liefern sie wichtige und nachhaltige Impulse. Diesen Effekt galt es, nicht nur auf die Hansestadt Rostock zu beschränken, sondern auf das ganze Land auszudehnen.

Mit seinen natürlichen und historischen Reichtümern ist Mecklenburg-Vorpommern wie kaum ein anderes Bundesland prädestiniert als Standort für Gartenschauen. Das weiß man spätestens seit der Landesgartenschau 2002 in Wismar auch in Mecklenburg-Vorpommern.
Mit seinen über 2.000 Schlössern, Gutshäusern und Parkanlagen, den Dorfkirchen und Klosteranlagen hat es eine lange grüne Tradition. Lenné hat hier gewirkt und dauerhafte Spuren hinterlassen. Der „Erfinder" Internationaler Gartenbauausstellungen, Ferdinand Jühlke, später preußischer Hofgartendirektor, wurde im vorpommerschen Barth geboren.
Diese Traditionen gilt es nicht nur wieder zu entdecken, es gilt auch, sie zu bewahren.
Darüber hinaus gibt es im Lande zahlreiche neue Parkanlagen - vor allem in den Seebädern. Es gibt Schau- und Bildungsgärten. Und wie kein anderes Bundesland verfügt Mecklenburg-Vorpommern über eine große Anzahl an Biosphärenreservaten und Nationalparks.
Dies alles wurde in freiwilliger, nicht durch die IGA finanzierter und für die teilnehmenden Projekte - oft in zusätzlicher - Arbeit zu einem bunten Strauß rund um die Internationale Gartenbauausstellung in Rostock geflochten. Von der historischen und in der Wiederherstellung befindlichen Klosteranlage in Zarrentin gemeinsam mit dem Biosphärenreservat Schaalsee und der grünen Innenstadt Boizenburgs an der Elbe im Westen bis zum Kunstgut Bröllin, dem Barockgarten Heinrichsruh und der Feldberger Seenlandschaft im Osten des Landes. Von den neuen Parks in den Seebädern Binz, Baabe und Göhren auf der Insel Rügen im Norden bis zu den historischen Parks und Schlossanlagen in Ulrichshusen, Blücherhof und dem Kräutergarten in Wangelin im südlichen Teil des Landes.

Historische Klosteranlagen laden in Dargun, Greifswald Eldena, Dobbertin und Bad Doberan zum Verweilen ein.
Das Amt Satow hat spezielle Touren zu den Dorfkirchen und Gutsparkanlagen im Umland zusammengestellt.
Am Seniorenheim des Deutschen Roten Kreuzes in Sternberg entstand ein Garten der Sinne. Besonders an junge Leute und Familien wenden sich das Seh-Land Mecklenburg-Vorpommern in Göldenitz mit der benachbarten Streuobstwiese in Schlage, wo man auf Eseln reiten kann sowie die Langenhäger Seewiesen und der Natur- und Geschichtenpark Ehmkendorf.
Kunst – und hier vor allem die Erinnerung an den Komponisten Friedrich von Flotow - wird in Teutendorf/Gemeinde Sanitz groß geschrieben. Für Kunst steht auch der Musenhof in Poppendorf vor den Toren Rostocks. Das Dorf ist zudem Beispiel dafür, wie sich alte und neue Bewohner gemeinsam mit einem großen Industriebetrieb, dem Düngemittelwerk und dem landwirtschaftlichen Betrieb für die Entwicklung ihres Lebensmittelpunktes engagieren. Und zu den einmaligen Künstlergärten gehört auch Lüttenort, der Garten und das Atelier des Malers Otto Niemeyer-Holsteins auf Usedom.
Tessin wirbt für sich als die Blumenstadt im Rostocker Land.
Alte Rosen lassen sich im Garten des als Hotel- und Feriendomizil wieder entstandenen Gutshauses in Nustrow besichtigen.
Ganz im Zeichen des Rhododendrons zeigt sich das Ostseebad Graal-Müritz.
Erinnerungen an alte landwirtschaftliche Produktionsmethoden und an erste theoretische Überlegungen und praktische Anwendungen der Kreislaufwirtschaft werden im Thünengut in Tellow wach gehalten.
Biologische Pflanzenkläranlagen werden von Mecklenburg-Vorpommern aus, in Duckwitz, in die ganze Welt,

nach Afrika und Asien exportiert. Wie eine solche Anlage funktioniert und dass sie eine preiswerte Alternative im ländlichen Raum sein kann, ist hier zu entdecken.

Die Essbaren Landschaften in Boltenhagen bei Grimmen sind der lohnenswerte Versuch eines Gärtners und eines Meisterkoches, mit dem Anbau und dem bundesweiten Versand von Wildkräutern eine Existenz aufzubauen und wirtschaftlich erfolgreich zu bestreiten.

In Barth können Besucher in einem der größten Produktionsbetriebe von Blumen unter Glas einmal den Betrieb von Innen erleben.

Leben im Einklang mit der Natur – dafür steht die Darßer Arche. Die Gemeinden Born und Wieck bieten Natur pur – auf dem Darß on Tour mit Zeesbootfahrten auf dem Bodden und Kutschfahrten durch den Nationalpark Vorpommersche Boddenlandschaft.

Auf der Insel Usedom laden in Koserow das Naturschutzgebiet Streckelsberg und unweit davon der Gesteinsgarten Neu Pudagla ein.

Dass sich auch im Nordosten Deutschlands Wein anbauen und keltern lässt, davon können sich Besucher in Rattey überzeugen.

Wie in alte Schlösser neues Leben einziehen kann, zeigen Schlemmin, wo ein Hotel entstand, Griebenow, wo Schloss und Park vor allem der kulturellen Begegnung dienen, und Wrangelsburg, wo eine Papiermanufaktur arbeitet.

Im Vogelpark Marlow, einer in den letzten Jahren völlig neu entstandenen und im Land einmaligen Anlage, gibt es neben den einheimischen Vogelarten auch eine Menge Exoten zu sehen.

Auf Rügen laden zudem die Parks in Putbus, Lietzow und Ralswiek ein. In Üselitz, bekannt für sein Gartenfestival, wird in den nächsten Jahren zu erleben sein, wie durch Rekultivierung eine alte Wasserschlossanlage neu entsteht.

Güstrow setzt seine Aktivitäten als eines der weltweiten Begleitprojekte der Expo 2000 fort. Ansehenswert: Der Aquatunnel.

Der Landschaftsgarten Brodaer Teiche in Neubrandenburg, das Gelände der ersten Landesgartenschau in Wismar mit seiner Außenstelle in Malchow auf Poel und Schloss- und Burggarten der Landeshauptstadt Schwerin waren ebenso Teilhaber der IGA. Und last but not least machte der Botanische Garten in Berlin als einziger Standort außerhalb des Landes auf die IGA aufmerksam und wurde von IGA-Besuchern für ein nächstes Ausflugsziel entdeckt.

Dem diente eine Ausstellung aller IGA-Außenstandorte auf dem Gelände der grünen Weltausstellung am Meer. Das Gute für alle, die es 2003 nicht geschafft haben, die IGA-Außenstandorte zu besuchen: Eine Reise dorthin lohnt auch 2004 und später.   *Jochen Michaels*

Einer der Außenstandorte: Nordflor in Barth

Natur- und Umweltpark Güstrow (NUP)

Seh-Land M-V in Göldenitz

Geburtshaus von Friedrich von Flotow, Sanitz

Brettmann (4)

privat

Schloss Schlemmin

Schlosspark Schlemmin

Pavillon im Tierpark Wismar

Mit dem Rückzug der Vegetation im Herbst nimmt der Betrachter die Konstruktion dieses Objektes aus dem Tierpark Wismar als Außenstandort der Rostocker IGA von 10 m Durchmesser mit den sieben identischen Flügeln besser wahr.

Getragen wird es von dem Mittelstiel und durch sieben Spannseile stabilisiert.

In das Blickfeld rückt auch das feinmaschige Netz aus Edelstahlseil mit seiner fantastischen Transparenz. Angeregt von der Form des Logos der IGA 2003 wurden Konstruktionen erdacht, erste Skizzen und Modelle entworfen, die nach Reifung einer statischen Berech-

nung bedurften und gestalterisch von einem Architekten begleitet wurden.

Im ausführenden Betrieb, der über die notwendige Ausrüstung und Fachpersonal verfügte, fand sich bald die Bereitschaft und der Mut zur Umsetzung der ungewöhnlichen Idee.

Schon auf der Landesgartenschau 2002 in Wismar hatte der Pavillon seinen Platz in der bewegten Natur des Tierparks.

In der Vegetationszeit drängen Rankpflanzen über die Spannseile zum Licht, verbreiten sich an der Traufe und bilden mit dem Laub und der Blütenpracht ein lebendiges Dach.

Erlebbar als Tierschauarena oder Amphitheater lädt der fiktive Raum auch in Zukunft zum Verweilen ein.

Kloock (3)

Unser Rundgang ist beendet. Das war die Internationale Gartenbauausstellung IGA 2003 in Rostock. Das Projekt IGA war ein Projekt Vieler. Rostock hat durch die Internationale Gartenbauausstellung einen großen Schritt nach vorn machen können. Es ist Zeit, Dank zu sagen:

Neun von zehn Aufträgen konnten von Unternehmen der Bauwirtschaft und des Garten- und Landschaftsbaus aus MV realisiert werden. Sie sind zu Vorzeigeobjekten für ein breites Fachpublikum und internationale Gäste geworden.

37 Unterstützer waren als Premium-Sponsoren, als Haupt-Sponsoren und als Sponsoren, sowie mit dem Volkstheater Rostock als Kulturpartner und der Ostsee-Zeitung und dem NDR als Medienpartnern an der Seite der grünen Weltausstellung am Meer gewesen. Siemens war von Anfang an dabei. VW-Nutzfahrzeuge stellte Autos zur Verfügung. IGA-Staatsgäste fuhren im VW „Phaeton". Die OSPA sah es als Verpflichtung an, die IGA zu fördern. Die Stadtwerke Rostock AG, Eurawasser aus Rostock, weka Holzbau aus Neubrandenburg, die Deutsche Bahn brachten sich ein. Lichtenauer Mineralquellen, Langnese-Iglo, die Mecklenburgische Brauerei Lübz, Coca Cola, Wolf Vertriebs GmbH, die Neue Ostseefisch GmbH, Nordback, Kraft Foods und der Getränkehandel Quandt-Schön sorgten für das leibliche Wohl der IGA-Besucher. VIP-Gäste saßen auf Möbeln der Höffner Möbelgesellschaft. Die Papier Union lieferte Papier für zahlreiche IGA-Publikationen, FSN und Baurent Nord stellten Betriebstechnik zur Verfügung, TOSHIBA Bürotechnik, das Piano-Haus Möller Musikinstrumente für die zahlreichen Veranstaltungen. Die Kleingärtner auf dem Gelände arbeiteten in ihren neuen Gärten mit Technik von GARDENA. Porzellanmalern aus Meissen konnte man bei ihrer Arbeit über die Schultern blicken. Die Warnemünder Mode-Designerin Beate Heymann stattete die Hostessen aus. Danke! Danke! Danke!

Sie mögen als Besucher die Blumen und Pflanzenschau noch ganz anders erlebt haben, als in diesem Buch beschrieben. Vielleicht erinnern Sie sich an ganz andere Episoden, viele andere bunte Bilder. Dies war ja auch nur **ein** Rundgang. Jeder IGA-Tag in Rostock, jede Woche, jeder Monat brachten Neues.

Wir können nicht sagen: „Besuchen Sie uns doch einmal wieder auf der Internationalen Gartenbauausstellung am Meer, IGA in Rostock." So, wie in der Hansestadt Rostock erlebt, wird es diese Präsentation dann sicherlich nicht mehr geben.

Natürlich sind Sie immer wieder gern hier an der Warnow gesehen, bestimmt können Sie auch durch das gewesene IGA-Areal bummeln. Hier und da werden Sie Bekanntes wiederfinden. Sicherlich haben Sie erlebt, dass Rostock und seine Einwohner gute Gastgeber waren und diese Stadt noch viele andere Sehenswürdigkeiten bietet.

Das Einzige, was von der IGA so richtig bleibt, sind Ihre eigenen Eindrücke, Ihre eigenen Erlebnisse und Fotos und ... dieses Buch. Deshalb, blättern Sie doch einfach noch einmal und erinnern Sie sich!

Auf Wiedersehen in Rostock oder zur BUGA 2005 in München, zur BUGA 2007 in Gera und Ronneburg oder gar zur BUGA 2009 in Schwerin!

Das war die IGA in Rostock ...

Übrigens, wissen Sie noch, gleich vorn, hinterm Eingang, also, wenn man die erste Brücke hinter sich hatte, gegenüber der Blumenhalle, da führte der Kiesweg ein Stückchen zur Seite, da ...
Aber das wäre dann doch schon wieder ein ganz neuer und ganz anderer Rundgang.

Die IGA in Rostock geht zu Ende – Das war die IGA

Das letzte Mal die IGA-Hymne

Staffelübergabe an die BUGA 2005 in München

IGA Rostock 2003
Daten und Fakten – Das war die IGA

Folgende
Nationen haben mit einem Garten an der IGA 2003 teilgenommen:

Bolivien
Bulgarien
China
Finnland
Griechenland
Indien
Indonesien
Japan
Kenia
Lettland
Luxemburg
Mauretanien
Nepal
Niederlande
Österreich
Pakistan
Polen
Slowakei
Spanien
Tunesien
Ukraine
Ungarn
Vereinigte Arabische Emirate

Reiseziele für die Freunde von Gärten und Grünanlagen - Die IGA-Außenstellen:

Bad Doberan: Klosteranlage
Barth: Moderner Gartenbau und „Grüne" Stadt am Bodden
Berlin: Botanischer Garten
Blücherhof: Sanierung und Rekonstruktion Schloss und dendrologischer Park Blücherhof
Boizenburg: Beispiele für moderne innerstädtische Grüngestaltung: Historische Wallanlage, Altendorfer Teich und Fitzenteich, Boizenburger Hafen
Boltenhagen: Essbare Landschaften - Wilde Kräuter für Küche und Garten
Born/Wieck: Natur pur, auf dem Darß on Tour
Bröllin: Kunst Gut-Kunstprojektion in historischer Gutsanlage
Dargun: Naturerlebnislandschaft in der Kloster- und Schlossanlage
Dobbertin/Langenhagen: Klosterpark Dobbertin und Langenhägener Seewiesen - Im Land der Kraniche und Seen
Duckwitz: Produktion und Einsatz innovativer Umwelttechnik in einer Gutsanlage

Ehmkendorf: Natur- und Geschichtenpark Ehmkendorf
Gemeinde Feldberger Seenlandschaft: Feldberg blüht - Stadtgrün als Markenzeichen
Graal-Müritz: Größter Rhododendronpark in Norddeutschland
Greifswald: Klosterruine Eldena mit romantischer Parkanlage des 19. Jahrhunderts, Kulturstätte der Euroregion POMERANIA
Griebenow: Barocker Schlosspark
Güstrow: Wiederaufbau der Gesamtbarockanlage inklusive Barockpark
Heinrichsruh: Der Hortus Heinrich - Barocke Gartenkunst des 18. Jahrhunderts im Spannungsfeld von Kunst und Natur
Koserow: Naturschutzgebiet Streckelsberg
Lietzow: Wiederherrichtung des Waldparkes Semper auf Konversionsflächen
Lüttenort: Künstlergarten Otto Niemeyer-Holstein: „Ein Refugium, in dem sich Kunst und Natur unmittelbar begegnen"
Marlow Vogelpark: Haustierhaltung im Wohnumfeld
Neu Pudagla: Gesteinsarten des Forstamtes Neu Pudagla
Neubrandenburg: Landschaftsgarten Brodaer Teiche
Nustrow Rittergut Nustrow: Klassizistisches Herrenhaus mit Streuobstwiese und Rosengarten
Ostseebad Baabe: Kurpromenade, Strandallee
Ostseebad Binz: Park der Sinne-Schmachtersee
Ostseebad Göhren: Bernsteinpromenade
Poppendorf: Leben, Lieben und Altwerden in einem Dorf zwischen Industrie und Landwirtschaft
Putbus: Verbindung von Landschaft und Stadtanlage im Rahmen der Sanierung des denkmalgeschützten Landschaftsparkes und der klassizistischen Stadtanlage
Ralswiek: Präsentation der historischen Gartenanlage des Landschaftsparkes in Einheit mit der Architektur des Schlosses Ralswiek in seiner Nutzung als Schlosshotel
Rattey: Kulturgut Rattey - Weingärten im Landschaftspark
Sanitz, Gut Teutendorf: Kultur und Natur- Genießen und Erleben am Geburtsort des Komponisten Friedrich von Flotow

Satow: Natur und Kirchen im Satower Land
Schlage/Göldenitz: SehLand Modell-& Landschaftspark Mecklenburg-Vorpommern; Streuobstwiese Schlage; Landschulmuseum Göldenitz
Schloss Schlemmin: Neugestaltung „Alter Küchengarten"
Schwerin: Schloss und Schlosspark Schwerin
Sternberg: Sinnesgarten am DRK-Seniorenzentrum Sternberg
Tellow: Erhaltung und Nutzung des Tellower Gutsensembles als Beispiel für die Bewahrung und Pflege einer historisch gewachsenen Kulturlandschaft
Tessin: Blumenstadt Tessin
Ulrichshusen: Wiederaufbau des Renaissanceschlosses und Park inklusive Burggraben und Teichen
Üselitz: Architektur im Prozess-Park und Garten im Prozess-Landschaft im Prozeß-Renaturierung einer das Herrenhaus umgebenen Fläche als Ausgleichsmaßnahme für die neue Rügenanbindung
Wangelin: Größter Kräutergarten Mecklenburgs mit Heilkräutern, Zauberpflanzen, Färber- und Trickpflanzen
Wismar: Bürgerpark; Schaugarten Malchow Insel Poel
Wrangelsburg: Schloss Wrangelsburg Parkanlage und Papiermanufaktur
Zarrentin: Neugestaltung der Anlage um das Kloster, die Kirche und das Rathaus; Biosphäre Schaalsee

Anzahl Besucher	2,6 Millionen
Wie viele PKW reisten an?	120 000
Wie viele Busse reisten an?	rund 8900
Anzahl beförderter Gäste:	rund 350 000

IGA-Sonderzug Berlin-Rostock

Einsätze	171 Einsätze
Fahrgäste	ca. 30.000

Anzahl verkaufte Dauerkarten?

	34.932
Wann die letzten verkauft?	25.09.03
Besuche im Durchschnitt?	9,86
Wie oft am meisten auf der IGA gewesen?	170
Wie viele an Rostocker Einwohner?	24.930

Weidendom:

Besucher	über 2 Millionen
Andachten	täglich 3
Gottesdienste	an allen Sonntagen
Hochzeiten	3
Taufen	6
Veranstaltungen	250

Höhepunkte waren das Konzert mit Kathy Kelly, der Fernsehgottesdienst am Pfingstmontag und der Landesposaunentag mit 550 Musikern.
4.500 Mitglieder aus Kirchgemeinden in Mecklenburg-Vorpommern und Schleswig-Holstein waren am Programm beteiligt.
250 ehrenamtliche Mitarber/innen aus ganz Deutschland haben im Präsenzteam im Weidedom mitgearbeitet

Ausstellung Außenstandorte

Anzahl Besucher	über 40.000
Teilnehmer Quiz	über 2.000

Tagungen und Kongresse

Anzahl	295
Teilnehmer	17.000

Ausländische Teilnehmer

Anzahl Gärten	23
Beteiligung	
an Hallenschauen	6 offiziell und 9 weitere
Nationentage	18
Ausl. Ministerbes.	15
Staatssekretäre	3
Botschafter	13

Umweltbildung

Veranstaltungen	2.000
Freie Angebote	500
Teilnehmer	50.000

Deutscher Pavillon

Anzahl Besucher	1,6 Millionen

Seilbahn

Anzahl Fahrgäste	1.139.538

Presse/Öffentlichkeitsarbeit

Anzahl IGA-Presseinformationen	450
Anzahl Journalisten	150
	Dauerakkreditierungen 750
aus dem Ausland	25

Anzahl Veröffentlichungen Presse

	ca. 23.000 (Stand: 31.8.)
davon überregional	9.000
Fachpresse „Grün"	250
Anzahl Zugriffe IGA-Internet	über 6 Millionen

Anzahl Ausstellungen in der Internationalen Blumenhalle

	25
Anzahl Aussteller	596 Aussteller mit 833 Beteiligten bei den Hallenschauen
	197 mit 376 Beteiligten bei den Freilandschauen
Wie oft im Gelände umgepflanzt?	Drei Umpflanzungen Frühjahr, Sommer, Herbst
Wie viele Pflanzen?	Einige Millionen
davon	523 Neuzüchtungen
Wie viele Medaillen wurden vergeben?	2.785 Goldmedaillen 2.754 Silbermedaillen 1.599 Bronzemedaillen 152 Ehrenpreise

Technische Ausstattung

Toiletten	12 Container an den Parkplätzen 78 Container im Gelände
Papierkörbe	562
Aschebehälter	60
Pflanzgefäße als Wegebegleitung	300 Weidenkörbe 140 Terrakottagefäße
Wie viel Wasser zum Bewässern?	70.000 Kubikmeter Brauchwasser
Anzahl Bänke	317
Liegen	99
Stühle	2.050
Strandkörbe	22
Elektrokabel	19,8 Kilometer
Telefon- und Datenleitungen	8 Kilometer
Laternen	151
Wasserversorgungsleitungen	9 Kilometer
Abwasserpumpwerke	13

Veranstaltungen

Anzahl	1.360
VTR	50
Besucherhöhepunkte	Carmina Burana Sommernachtstraum IGA-Filmfestival NDR1 RMV Party Philharmonie der Nationen

Ausländische Teilnehmer

Wie viele Ausländer lebten zeitweilig mehr in Rostock?	120

Catering

Getränkeverbrauch:

Lichtenauer Getränke	2.300 Hektoliter
Coca-Cola, Sprite Mezzo Mix, Säfte	1.226 Hektoliter
Kaffee	ca. 5 Tonnen Jacobs Kaffee
Lübzer Bier	
Vom Fass	1.400 Hektoliter
Flaschen	300 Hektoliter

Speisen:
Fisch

Von Neue Ostseefisch GmbH	37.535 Kilogramm

Backwaren:
Von Nordback

Brötchen	1.005.000
Kuchen	196.000 Stuck
Torten	10.000
Frisch gebackene Brote	48.000
Schmalz- und Quarkstullen	215.000

Fleischwaren:
Von Wolf GmbH

Thüringer Rostbratwurst	700.000
Wiener Würstchen	100.000
Schnitzel	45.000

Anzahl der Eisportionen

	2,2 Millionen

Meine ganz persönlichen IGA-Fotos

Meine ganz persönlichen IGA-Fotos

Meine ganz persönlichen IGA-Fotos

Meine ganz persönlichen IGA-Fotos

Übersichtsplan IGA Rostock

Kleiner Warnowdamm

Eingang
Schöpfwerk

Warnemünde

Alte Warnemünder Chaussee

Groß Klein

Eingang Lütten Klein

DB Haltepunkt
Lütten Klein

Warnowallee

Rostock
Zentrum

① IGA Haupteingang / Gärtner-
   und Bauernmarkt
② IGA-Weltausstellungshalle /
   Blumen- und Pflanzenhallenschauen
③ Rosengarten
④ Frühlings- und Sommerblumen
⑤ Renaturierte Bachläufe
⑥ Spielplätze
⑦ Rosenhang
⑧ Nationengärten / »Rostocker Gärten«
⑨ Mecklenburger Hallenhaus
⑩ Kopfweidenweg
⑪ Weidendom
⑫ Renaturierte Feuchtwiesen

⑬ Wild- und
   Prachtstauden
⑭ Uferpromenade
⑮ Dorf Schmarl
⑯ Schwimmende Gärten
⑰ Bühnen
⑱ Service und Restaurationen
⑲ Rhododendron / Grabbepflanzung
   und Grabmal
⑳ Umweltbildung
㉑ Kleingärten
㉒ Seilbahn-Station
㉓ Gehölze im Container
— Kurs Seilbahn